U0249189

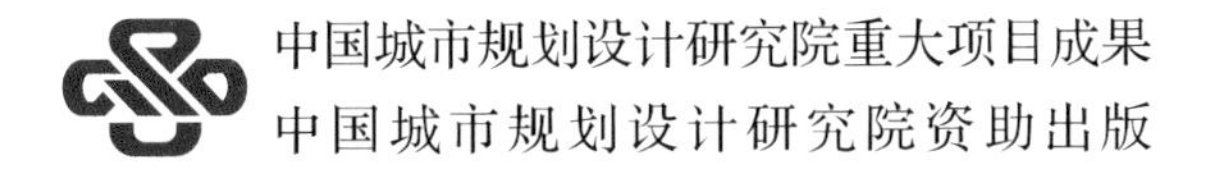
中国城市规划设计研究院重大项目成果
中国城市规划设计研究院资助出版

池　记

——海口中心城区“生态修复、城市修补”实践探索

中国城市规划设计研究院　著

中国建筑工业出版社

图书在版编目（CIP）数据

池记：海口中心城区“生态修复、城市修补”实践探索 / 中国城市规划设计研究院著. — 北京：中国建筑工业出版社，2019.9

ISBN 978-7-112-24140-8

Ⅰ. ①池… Ⅱ. ①中… Ⅲ. ①城市环境 — 生态环境建设 — 研究 — 海口 Ⅳ. ① X321.266.1

中国版本图书馆CIP数据核字（2019）第182549号

责任编辑：毕凤鸣　封　毅
责任校对：芦欣甜

中国城市规划设计研究院重大项目成果
中国城市规划设计研究院资助出版

池记——海口中心城区“生态修复、城市修补”实践探索
中国城市规划设计研究院　著
*
中国建筑工业出版社出版、发行（北京海淀三里河路9号）
各地新华书店、建筑书店经销
北京点击世代文化传媒有限公司制版
北京雅昌艺术印刷有限公司印刷
*
开本：889×1194毫米　1/24　印张：11⅔　字数：246千字
2020年1月第一版　2020年1月第一次印刷
定价：108.00元
ISBN 978-7-112-24140-8
（34661）

中国城市规划设计研究院重大项目成果

《池记——海口中心城区“生态修复、城市修补”实践探索》

编委会主任　　王　凯

编写人员（按姓氏笔画为序）

万　操　马浩然　王丹江　王　丽　王　冶
王　晨　王忠杰　王家卓　方　向　申彬利
刘冬梅　刘宁京　刘吉源　刘自春　孙书同
李　晗　李慧宁　李燕艳　杨　柳　杨　婧
束晨阳　吴　晔　何晓君　张　迪　张子涵
张艳杰　张福臣　邵宗博　周　乐　周　勇
庞　琦　郑　进　郑李兴　房　亮　郝　钰
胡　筱　胡应均　胡金辉　姚小虹　秦　斌
耿幼明　盖若玫　葛　钰　舒斌龙　鲁　坤
赖文蔚

序言

党的十九大报告深刻指出，中国社会的基本矛盾发生了历史性变化，表现为人民日益增长的美好生活需要和不平衡不充分的发展之间的矛盾。这一表述准确地概括了当前中国城镇化的发展态势，即40年改革开放，中国城镇化经历了量的累积之后，转入质的提升阶段。城市建设中的不平衡不充分，体现在城市的品质缺失和一系列生态、文化、公共服务、公共空间等不足的“短板”上。回顾2015年中央城市工作会议上指出的城市发展十个方面问题，提出的“和谐宜居、富有活力、各具特色、服务均等、城乡一体”的城市建设总要求，以及倡导的“加强城市设计，提倡城市修补”和“大力开展生态修复，让城市再现绿水青山”，住房和城乡建设部之后在全国推广的“双修”工作，是落实城市工作以人民为中心，治理“城市病”，促进城市高质量发展的具体实践。

海口城市更新是三亚“双修”试点工作的延续和提高。在海口市委、市政府的大力支持和推进下，中国城市规划设计研究院以技术总承包的方式，多专业协同全面开展工作，力求以长远眼光谋当下行动，以系统治理促品质提升。工作组织方式上，创新为“1+6+1”：第一个“1”是规划统筹，也就是市区层面的系统统筹，“6”指6个专项组，在品质提升、交通优化、棚户区改造、水体治理、城市增绿、文化复兴六个方面重点突破，最后一个“1”就是项目统筹，所有的系统性分析最后都集中落位到综合性示范项目的实施上。海口城市更新三角池示范区就是这样一个系统谋划、专业综合、多方协同、标杆示范的实施项目。

三角池片区是海口中心城区的一个特殊地段，居于中心区的中心，既是一个标志性的历史地段，承载了一代闯海人的记忆，也是一个生态条件优越、市民日常休闲最便捷的开放空间，在这样一个“可达、可观、可念”的片区，无论是公共性还是市井生活上，都具有极强的代表性，规划设计因此提出了“最海口”的发展愿景。在后续的工作中通过拆除违建、整理风貌、梳理植被、净化水质、规范交通等以“减法”为主的措施和手段，形成了水清岸绿、透气舒朗、清新朴实的空间环境，为海口百姓提供了一个亲切、实用、有乡愁的地方，得到广大市民的喜爱。

作为海口城市更新中国城市规划设计研究院规划项目组的总牵头人，我全过程参与了工作，特别对三角池的更新改造给予了高度关注，看着这个项目推进中三角池一天天的变化，以及地方领导和群众的高度肯定，我深感作为一个城市规划工作者，“以人民为中心”目标的实现，体现在我们的具体实践里，特别是点点滴滴的细节里。在整个工作过程中，海口市委、市政府、各相关责任部门做了大量的细致工作，最终政府赢得了公信声誉，老百姓赢得了品质空间，规划设计师实现了社会价值，这么一个多方共赢的项目，我觉得值得宣传和推广。《池记》的总结和思考，虽然是局部的和片段的，但对于“双修”，这么一个中国语境下的城市更新探索是有益的，我希望在中国城镇化的“下半场”里，会有更多的城市通过各自的探索和实践，真正实现为人民服务的根本目标。衷心感谢海口市委、市政府和各相关部门的大力支持，感谢海口城市更新项目组各部门每一位同事的辛勤工作。

中国城市规划设计研究院副院长 王凯

前言

海口城市更新，是中国城市规划设计研究院继三亚“生态修复、城市修补”试点工作之后的又一次多专业集团军作战，是三亚工作的“2.0升级版”。海口城市更新的技术工作框架可以用三句话来概括，即“以行动纲领为引领、以系统专项为支撑、以示范项目为抓手”。相应的，结构上也分为三个层次，顶层设计层面是行动纲领，中间层面是六个专项规划，位于第三层次的是示范项目，海口城市更新三角池示范区就是首批落地实施的综合性示范项目之一。

简而言之，项目工作包括三个方面。第一是描绘了“最海口”的片区发展愿景，向本地百姓和外地游客提供“最海口”的市井文化体验。第二是勾勒了两个亮点，即场所和记忆。除了传统认识上城市更新“重塑环境场所”的“规定动作”，规划设计还出色完成了“重现记忆场景”的“加分动作”，最终实现“环境品质更好，精神记忆常新”的“三角池更新”。第三是搭建了实施、宣贯和管理三个平台，创新“全程陪伴”的技术服务方式，及时化解各方的矛盾和冲突，保证项目按时、保质、足量落地实施。

涉及有形的环境空间和无形的场所精神，三角池项目的工作内容非常庞杂，在有限的时间、空间内高质量地完成这些工作，可以说是一项“不可能完成的任务”。从项目的甄选策划、规划设计，到最终实施见效的全过程，中规院*技术团队几乎所有的工作都遵循着“最大公约数与最优解”“减法与加法”的基本原则。

---

* “中规院”为“中国城市规划设计研究院”的简称，余同。

中心城区的“双修”工作具有很强的社会性，一个优秀项目的最终落地，一定是社会上下、多方合力的结果，过程中必须尊重、倾听、回应各方的利益和诉求，因此要求寻找目标导向的“最大公约数”。同时，技术人员也要坚持原则、权衡利弊、守住底线，凭借精湛的专业素养寻求问题导向的“最优解”。对于有形的环境空间，规划设计工作重在“做减法”，去除城市有机体的繁复冗余，整合有限的空间资源成为林荫广场、滨水平台，还给百姓，还给城市。这些高品质的城市公共空间又为人的活动提供了多种可能性，丰富了市民生活，是在生活上“做加法”。其实，这也是“舍”和“得”的辩证关系。

三年来，中国城市规划设计研究院相继承担了海口、北京、济南、泉州等多个城市的数十个“双修”实施类项目，可以说，每一个都是一道复杂、难解的数学题。但是，我们相信，只要找到了正确的算法逻辑，再难的题也有解。不管是“减法”还是“加法”，都是建立在对每一个具体城市的扎实研究和深刻理解之上的，讲究因城施策；而双修工作的社会性，又要求专业技术人员心怀民生诉求的“最大公约数”，精耕细作专业问题的“最优解”，不吝因势利导。

在我国城市处于发展转型的关键时期，不断思考、实践中心城区“双修”工作可复制、可推广的方法和路径，是回归城市价值本源的有益探索，是尊重城市发展规律的现实例证，也是助力城市繁荣永续的专业基石。

目录

序　言

前　言

第一章　缘起·三角池 12

01　闯海梦始 14
02　海口之眸 18
03　伤逝记忆 20

第二章　问诊·三角池 22

01　甄选识别 24
民生性 25
系统性 26
代表性 28
认同性 30
实施性 32

02　问诊把脉 34
空间场所失色 35
生态环境堪忧 44
道路交通无序 48
人文精神黯淡 52
公共服务乏力 56

第三章　重塑·三角池 62

01　海口模式 64
工作背景 65
原则目标 66
组织机制 67
技术框架 68
实施计划 70

02 规划设计 72
“最海口” 73
重塑空间场所 76
重整生态本底 92
重织交通网络 100
重铸文化认同 108
重补优质服务 124
重理社会善治 132

03 实施落地 136
工作组织 137
工作内容 139
三个平台 141

第四章 论道·三角池 158

01 汲取国际经验 160

02 探索中国路径 168
时代背景 169
“双修”演绎 170

03 辨明趋势特征 172
价值取向 173
工作思路 174
组织机制 175
技术目标 176
角色作用 177

04 聚焦中心城区 178
理论热点 179
实践重点 180

05 把握原则策略 184
核心原则 185

技术策略 190

06 认识价值意义 206
回归价值本源 207
尊重发展规律 209
助力繁荣永续 210

第五章 蝶变·三角池 212

城市新生 214
风貌新语 222
交通新序 247
生活新趣 252
自然新颜 257

后 记 262

附 录 264

参考文献 272

第一章

缘起·三角池

自古以来，凭借其重要的战略地位和独特的地理条件，海口一直是重要的军事要塞、商埠港口，经过不断建设发展，逐渐形成城园相融、山海相望的城市格局。改革开放40年来，特别是1988年建省以来，海南省经历了历史上最快速的发展时期。与我国许多大城市一样，伴随着快速、粗放式的发展，海口也出现了“城市病”系列问题，集中体现在交通拥堵、环境不堪、设施落后、形象欠佳、特色缺失等诸多方面。

位于中心城区的三角池片区，由于其独特的区位条件和优越的自然本底，加上海口四季宜人的气候特征，一直以来都是市民户外休闲娱乐活动的好去处。然而，这样一个具有代表性和认同性的“海口之眸”和“城市绿肺”，却因为“城市病”的困扰而黯然失色、机能失调，三角池亟待蝶变。

01 闯海梦始

爰有奇甸，在南溟中。邈舆图之垂尽，绵地脉以潜通。山别起而为昆仑，水毕归以为溟渤。气以直达而专，势以不分而足。万山绵延，兹其独也。百川弥茫，兹其谷也。岂非员峤、瀛州之别区，神州赤县之在异域者耶？*

——明·邱浚《南溟奇甸赋》

“南溟之浩瀚，中有奇甸，方数千里，历代安天下之君必遣任勇者戍守。地居炎方，多热少寒。”这是明朝太祖皇帝在《劳海南卫指挥敕》中对琼

* 在浩瀚的南海之中，有一个奇异的地方。虽然远踞在疆域版图的尽头，但其地脉与大陆紧紧相连。山脉像昆仑一样高峻，江河在这里汇聚向海。气脉通畅无阻而质朴纯粹，地势整体变化而雄浑有力。万山绵延不绝，映照出它的独特。百川水雾缭绕，更见它的幽美。难道这里是员峤和瀛州一类的仙境、华夏中国一等的文明在天涯海角的再现吗？作者译。

州海岛的直观认识。作为一位世居海南家族的京官后裔，理学名臣邱濬有感而发，以《南溟奇甸赋》为题全面介绍了自己的家乡，不吝溢美之词，文章开篇引用的寥寥数语即高度概括了故乡海岛的风土地貌。坐落于海南岛北岸的省会海口市，南接青山，北迎碧海，河湖密布，地势平坦，山海相望，正是数百年前丘濬的文字描述的现实例证。

数百年来，海口的城市发展变迁，与其战略地位和地理条件关系密切。西汉元封元年（公元前 110 年），汉武帝征服南越，将其归于珠崖郡玳瑁县，海口有文字记载的历史由此开始。唐太宗贞观元年（公元 627 年），琼山县城开始在府城一带建设，遂成为海口城市发展的早期雏形。为了开辟海上丝绸之路，宋朝中央政府在琼州开埠，史称海口浦，意为“泥沙冲积之河口海滩”，这里既是对外贸易的港口商埠，又是水军设镇治防的咽喉重地。明代初期，倭寇猖獗，为了保障港口贸易运输通畅，加强海上边防力量，海口浦按兵制改为海口所。清德宗光绪二年（1876 年），随着海口海关的设立，海上对外贸易得到长足发展，侨民集聚、商铺栉比，地方经济日渐繁盛。民国初期，海口所改称海口镇，虽仍隶属于琼山县，但其综合地位已经日益突出，琼州地区的政治、经济和交通的重心逐渐向此转移，直至民国 15 年（1926 年）海口建市。1950 年 4 月 23 日，海口正式解放，一个新的时代篇章正式开启，海口城市的发展建设也随之步入一个全新的阶段。

1988 年 4 月 13 日，时任副委员长的习仲勋主持第七届全国人民代表大会一次会议，审议通过关于海南建省、办经济特区的议案。这片充满机遇的热土随之吸引着无数的热血青年、改革闯将，他们怀揣着激情和梦想，勇敢地冲破旧体制的束缚，如潮水一般跨海涌向海南。当时，“闯海人”多是坐火车一路南下至广东湛江，再换长途汽车至海安码头。每天，码头的渡船都满客运营，售票处早早便挂出“票已售完”的牌子。在许多老“闯海人”的记忆中，当时最大的一艘客运船“玉兰号”是他们的“梦想之舟”。

图 1-1　1988 年海南省委挂牌仪式

位于海秀路、博爱路、海府路交汇处的三角池*，不远处即是当年的海南人才交流服务中心，因此成为大多数"闯海人"落脚海口的第一站。东湖湖畔人民公园内，曾经有一段特别的信息墙，更多人习惯叫它"闯海墙"或"人才墙"，因为墙上贴满了各式各样、风格不一的招聘信息、求职广告。"闯海墙"热度极高，更新频次一点也不亚于今天的"百度贴吧"，往往一幅海报刚贴上，还没来得及看完，就又被新的覆盖掉了。正是因为"闯海墙"，在当时的海南，再没有比"三角池"更响亮的地名了，甚至一度引起了日本主流媒体《朝日新闻》的关注：在中国海南岛海口市的一个叫"三角池"

* 也有人习惯称这里为"三角地"，最初是三条路交汇处的三角形池塘，旁边还有一个三角公园。1984 年，根据广东省公安厅的要求，拆除三角公园和三角池塘，新建了一个三角形环岛，以实现车辆绕安全岛行驶。

的地方，形成了知识分子自由流动的集聚地，全国各地来的人在那里可以得到人才交流的各种信息。

当时的海口，街道旁大部分都是低矮房屋，而三角池边的海口宾馆是当时为数不多的高楼大厦、明星地标。这里充满了活力，人们白天交流信息、找寻商机，夜晚宣泄情感、畅想未来。三角池作为一代“闯海人”的记忆容器，承载着他们的梦想和希望，见证了他们的拼搏和奋斗，也体味了他们成功的喜悦和失意的泪水。

三角池，是闯海梦开始的地方。

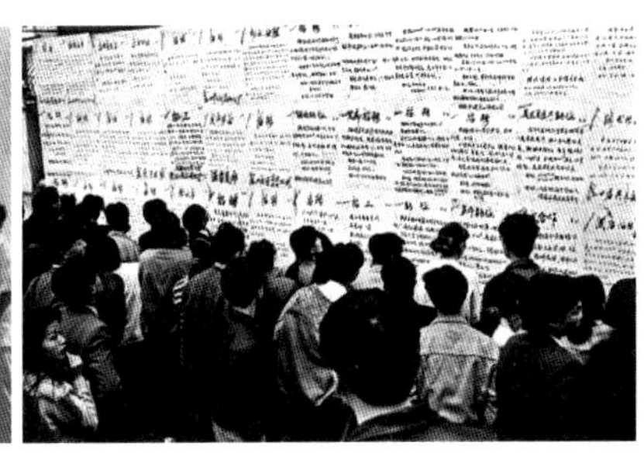

图 1-2　三角池附近的人才中心
图 1-3　东湖湖畔的“闯海墙”

02 海口之眸

人民公园古称大英山，1950年启动的扩建工程，主要的工作是东湖开挖和西湖清淤，此外，模仿海南岛的轮廓，利用开挖土方在东湖湖心堆岛。工程完成后，东西湖水域总面积达到7.5公顷。按照坊间的说法，这里是海口城脉的龙首之位，而东西湖恰似其明亮的双眸。

"湖面碧波盈盈，湖边青草随风而动，飞鸟掠过晴空"，这是当时市民对东西湖景色的真切描述。人民公园仿佛翠绿蓬莱掩映于钢筋混凝土的城市森林之中，东西湖龙珠双眸镶嵌于蓬莱之中，湖畔椰林环绕，榕柳翠绿欲滴，湖光山色，泛舟点点，步移景异。经过数十年的发展建设，一园两湖*所在的三角池片区，曾以海口八景之一——"平湖秋月"闻名坊间，近年来更享有"海口之眸""城市绿肺"的美誉。

* 一园两湖为人民公园、东湖和西湖的简称，余同。

图 1-4　1986 年的东西湖鸟瞰照片

03 伤逝记忆

改革开放40年来，特别是1988年建省以来，海南省经历了历史上最快速的发展时期。与我国许多大城市一样，伴随着快速、粗放式的发展，海口也出现了系列“城市病”问题，集中体现在交通拥堵、环境不堪、设施落后、形象欠佳、特色缺失等诸多方面。位于中心城区的三角池片区，由于其独特的区位条件和优越的自然本底，加之海口四季宜人的气候特征，一直以来都是市民户外休闲娱乐活动的好去处。然而，这样一个具有代表性和认同性的“海口之眸”“城市绿肺”，却因为“城市病”的困扰而暗淡失色、日渐蒙尘。

首要问题是生态环境堪忧。东西湖地处繁华闹市区，曾是海口老城休闲活动的好去处，昔日的光彩现在却不复存在，变成老百姓心目中脏乱差的“闹心地”。走在湖边，阵阵臭味扑面而来，污浊的湖水中鱼虾早已绝迹，

“一潭死水”的难题多年来悬而未决。对于周边社区的居民来说，东西湖是他们童年的天然游乐场，记忆中“水清白鹭飞，怡然自在游”的景象早已了无踪迹。

其次是环境品质欠佳。交通拥堵、排水不畅，市容市貌不堪。建筑物大多年久失修，外立面材料及设施破损老化，广告及店招牌匾杂乱无章，消防及结构安全隐患随处可见。相当数量的滨湖空间处于荒废状态，与城市公共空间严重不足的问题形成鲜明的对比，那里杂草丛生、垃圾遍地，长期以来无人问津，逐渐蜕化成了城市藏污纳垢的旮旯、不文明行为的温床。

最后是民生问题突出。多数受访的市民都表达了对三角池片区现状的失望和未来的担忧。严重影响百姓生活满意度的“痛点”比比皆是，违法占道经营、闲散人员盘踞、环卫设施不足，乱扔垃圾及随地大小便现象屡禁不止等。

三角池见证了闯海人的激情岁月，同时也承载着海口人的年少记忆，而它所面对的尴尬境地，对于我国许多城市来说，具有很强的典型性和代表性。今天，在我国城市发展模式由粗放外延向高效内涵转型的重要阶段，尊重并顺应其自身演进的科学规律，客观、冷静地分析我们过往路径的得与失，关注民生、突出生态、塑造特色、延续文脉、恢复活力，探索、实践并总结中心城区可复制、可推广的城市更新方法和经验，可以说是一件有益的事情。

图 1-5　三角池片区的“城市病”问题

第二章

问诊·三角池

城市是一个开放的复杂系统，万千变化的城市格局和林林总总的“城市病”问题，常常使人手足无措、无从下手。城市“双修”工作应从城市整体出发，遵循“切中要害，突出重点”的原则，化繁就简，对城市空间和生态系统进行梳理和提炼，识别出重点地区、关键节点；同时借助多种专业手段，分门别类，对城市问题进行甄别和叠加，从而锚定区位重要、问题突出的地区或节点，以点带面，示范全局。

按照上述思路，三角池片区从海口市的上百个重点区域和关键节点中被筛选出来，最终成为海口城市更新综合性示范项目之一。作为一个具体的城市空间，三角池又具有不同于其他城市片区或节点的个性问题，需要进行细致的调查和摸底、专业的分析和判断，为技术思路的系统构建夯实基础。

01 甄选识别

三角池片区从近百个备选的城市节点和片区中被抽取出来，成为庆祝海南建省办经济特区30周年精品工程和海口城市更新综合性示范项目，是项目技术团队参考多方面的因素，海量数据分析、细致比对筛选的工作成果。

民生性

2017年2月25日，习近平总书记在视察北京城市规划建设工作时指出，“城市规划建设做得好不好，最终要用人民群众满意度来衡量”，这也是海口城市更新工作的出发点和落脚点。

坚持“以人为本”的理念，项目技术团队积极拓展渠道，充分倾听民生诉求。首先，由海口市12345政府服务热线的大数据入手，聚焦市民投诉问题最为集中的热点区域。其次，在这些区域组织有针对性的踏勘调研，通过街头随机发放问卷和手机公众平台问卷两种形式，广泛征集老百姓的意见和建议。从调查问卷中有关道路印象评价的统计结果来看，海府路、海秀东路、大同路等三角池片区内的几条道路得分都较低。至此，三角池片区逐渐引起了项目技术团队的注意。

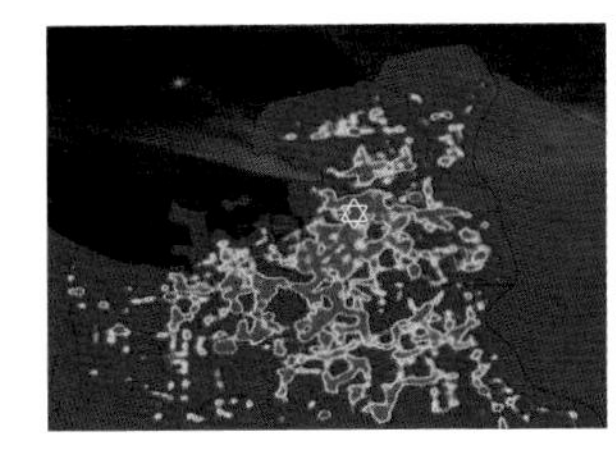

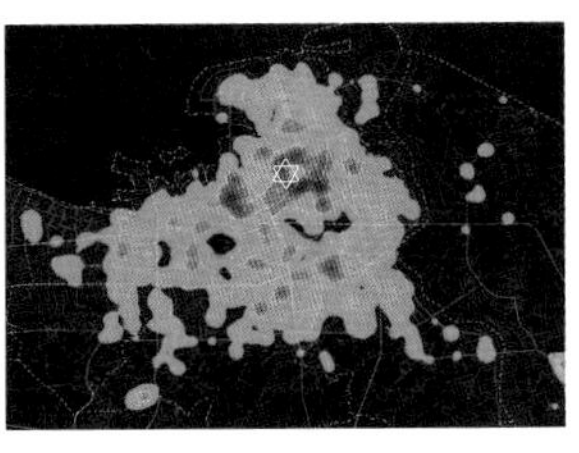

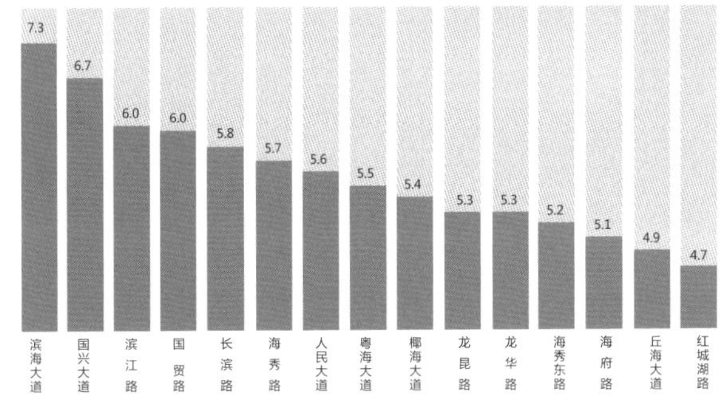

图2-1　海口市12345政府服务热线市民投诉热点区域分布示意图

图2-2　海口市城市出行热点区域分布示意图

图2-3　海口市民对主要城市道路的印象评分统计

系统性

在充分对接“海口市总体规划”“海口总体城市设计”等上位规划的基础上，项目团队运用城市设计的技术策略，综合把握城市重点区域和关键节点。空间结构上，三角池片区位于中心城区组团、市级公共中心圈层范围内;战略区位上,三角池片区又是“椰城新中轴”与“滨海旅游发展带”的交汇区域。

此外，在中国城市规划设计研究院海口城市更新各专业技术团队的全力支持下，通过城市增绿、文化复兴、品质提升、水体治理、棚户区改造、交通优化六大专项规划的系统梳理，从不同的专业角度识别城市现状问题区域，继而将这些区域在城市空间上落位叠加，生成“城市现状问题综合评价图”，颜色的深浅表示城市现状问题的复杂和密集程度，三角池片区是颜色最深的几个区域之一。

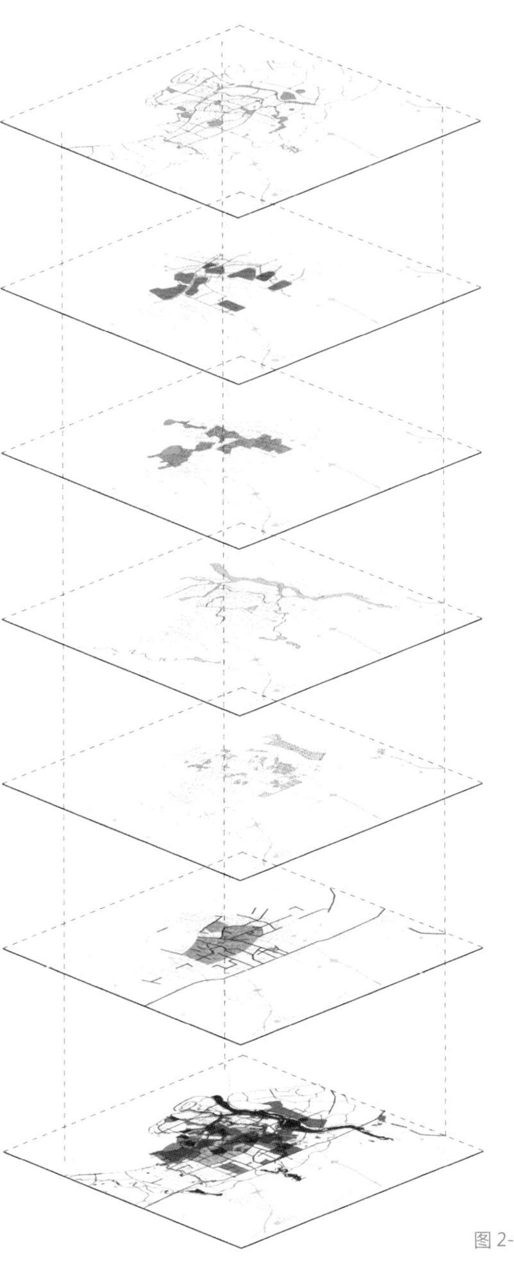

城市增绿专项

突出主城区生态格局保护、中心城区绿地增量提质、绿道体系建设三方面工作，紧密结合治水工作，打造本地市民的“宜居花园”，全国人民的“后花园”，国际友人的“绿色花园”。

文化复兴专项

以文化引领战略指导城市发展，全面系统梳理海口全域的价值特色和文化资源，形成文化遗产保护传承与活化利用的综合系统，构建“古今交融、兼收并蓄”的“海岛文化之城”。

品质提升专项

紧扣民生热点问题，从空间织补、市容整治、环境提升三方面入手，锁定片区、街道、节点三个层面，进行更新指引以及管理管控技术支撑，助力城市精细化管理。

水体治理专项

以控源截污、内源治理、生态修复为主线，全面融入海绵城市、生态治水、基础设施更新理念，系统推进水体治理工作，实现“水清、岸绿、景美、民乐”的综合治理目标。

棚户区改造专项

全市一盘棋，系统性推动棚户区改造的全盘布局，综合分析、把握棚改与城市形象、功能修补、环境提升、交通改善、人口疏解等方面关系，促进以往任务导向向目标导向的模式转型。

交通优化专项

积极落实海口城市交通发展的总体部署，以民生为导向，着重从交通发展模式、骨干路网优化、近期交通缓堵、出行环境改善等方面入手，推动城市交通向绿色、可持续的方向转型发展。

城市现状问题综合评价图

通过六大专项规划的系统梳理、空间落位、权重叠加，生成“城市现状问题综合评价图”，颜色的深浅表示“城市病”问题的复杂和密集程度，红点所示的三角池是颜色最深的几个区域之一。

图 2-4　“城市现状问题综合评价图”的生成原理示意

代表性

三角池是最能体现海口城市格局、城市特色以及城市要素的典型区域。

从城市格局来看，海口城市集中建设区域位于江海交汇之处，腹地结合山林田园形成城园交错的布局。三角池是最能体现这一特征的区域之一，一园两湖作为中心城区珍贵的蓝绿开放空间，与周边的城市街区交互相融。

从城市文脉来看，三角池片区北邻传统骑楼街区，南接大英山 CBD 核心区，是海口过去与未来城市发展高地的过渡地带，市井氛围浓郁，呈现出古今更迭、多元融合的鲜明特色。

从城市要素来看，这里不但集合了山、湖、林、河以及各类绿化廊道等自然生态要素，城乡建设要素也呈现了极强的多样性和复杂性：高低错落、公私权属的各色建筑形成密集的现代钢筋混凝土雨林，道路、广场等公共空间在其中蜿蜒伸展、散点布局。三角池片区的城市要素类型多样、环境空间形态复杂，对于海口整个城市来说，具有极强的典型性。

图 2-5　三角池片区鸟瞰

认同性

无论是对于海口本地市民、外地游客，还是当年的“闯海人”来说，三角池享有极高的认同性。根据“摩拜单车”公布的大数据,三角池是“最受欢迎休闲骑行地”，而在海口总体城市设计等多项相关的民意调查中，三角池是中心城区的“最受欢迎休闲逛街地”。可以说,三角池是一个全时、全日、全季的活力片区，在项目技术团队的数十次踏勘调研中，现场的直观感受也有力地印证了这一点。三角池是一代海口人的乡愁印记，又是一众闯海人的奋斗足迹，很多接受问卷调查的受访者都对项目表现出了极大的关注。

市中心商业街购物受欢迎程度

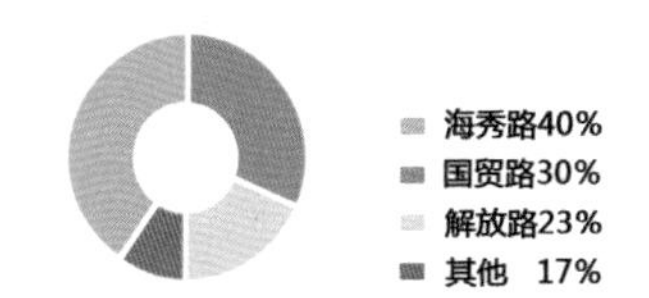

全国人均骑行距离：

海口 人均骑行2.8公里
成都 人均骑行2.3公里
上海 人均骑行1.8公里
济南 人均骑行1.6公里

不同区域出行频率

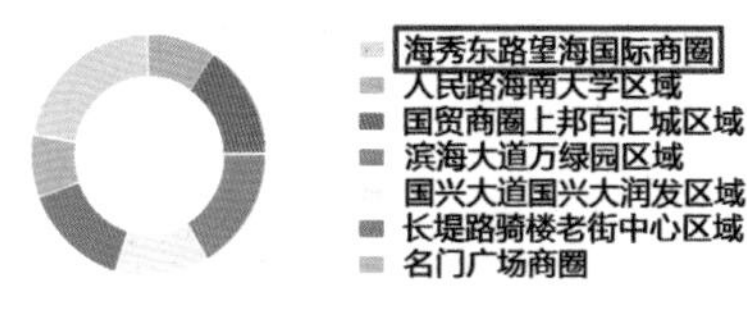

骑行目的地受欢迎程度

海口用户年龄分布

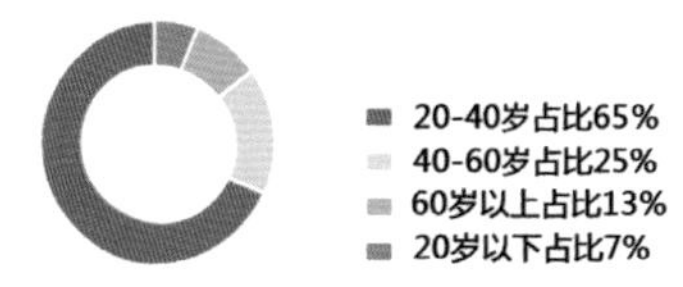

海口用户性别分布

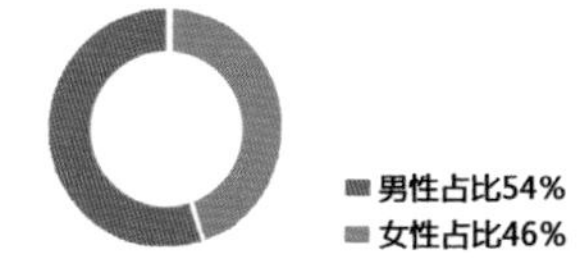

图 2-6　大数据视角下的三角池

图 2-7　城市老照片中的三角池
① 国兴大道　② 文明西路　③ 大同路　④ 海口宾馆　⑤ 华侨大厦　⑥ 三角池

实施性

作为庆祝海南建省办经济特区30周年的献礼工程，从方案图纸到竣工落地的全过程，应确保进度可控、成本可计、效果可期，项目的可实施性上不容许有半点差池。在前期项目策划过程中，相较于其他备选的节点和片区，三角池片区生态本底条件优越、现状建筑设施尚好，通过“针灸点穴式”的适度干预，即可在短期内实现城市环境品质的极大提升。

三角池片区民生关注度高、区位条件显著、问题典型突出、百姓认同度高、可实施性强，最终被确定为庆祝海南建省办经济特区30周年精品工程和海口城市更新综合性示范项目。

图2-8　三角池片区的市井日常

斋菜煲
门分店

02 问诊把脉

聚焦三角池片区错综复杂的城市病症，需要从专业的角度出发，分门别类加以分析、梳理，找出问题背后的深层诱因，才能实现有的放矢、标本兼治。

空间场所失色

品质欠佳

（1）特征匮乏

海口的历史沿革在中心城区的空间落位，是一条纵贯南北的城市发展轴，大英山 CBD 核心区和骑楼历史街区分别是轴的南、北两极。

北部骑楼历史街区完整地见证了海口从商贾集镇到国际港埠的发展历程，具有重要的历史文化价值。19 世纪末，随着“琼州海关”的设立，海上贸易蓬勃发展，无形中加速了海口老城的更新建设。在商贸活动、殖民运动和侨民流动等经济、社会、文化等多方面因素的共同作用下，百年来在海甸溪南岸集聚并形成了中西合璧式建筑风貌的骑楼历史街区，以今天新华路、博爱路、新民路、中山路和得胜沙路五条骑楼老街为典型代表。南部大英山 CBD 自 2000 年前后付诸规划建设，随后就一直扮演着商务办公职能集聚中心和公共服务设施领头羊的角色，大体量、簇群状的现代建筑是城市经济高速发展的成就标杆。相比之下，位于城市发展轴中段的三角池片区，在市容市貌方面，是特征匮乏的灰色地带。

图 2-9　三角池片区常见的“北方火柴盒”

在粗放的城市规划、建设、管理模式下，建筑风貌审查工作长期缺位。在海口这座位于中国最南端的省会城市中，三角池片区矗立着大量无视南方气候特征的“北方火柴盒”。

图 2-10　传统骑楼建筑的现实困境

随着时间的流逝，相当数量的骑楼历史建筑年久失修，墙面皲裂脱落，装饰纹样残损缺失。传统骑楼的室内空间难以满足现代生活的功能要求，继而被老百姓自发的更新改建行为蚕食殆尽，取而代之的是平庸、乏味、粗糙的“水泥盒子”。

（2）安全隐忧

三角池所在的老城中心区，环境空间局促、权属关系复杂、私搭乱建严重，安全隐患问题突出，主要包括堵塞消防通道、占压道路红线、房屋危旧失稳等方面。

在对东西湖周边街道的现场调研中，安全隐患问题随处可见，对行人的通行安全构成潜在威胁。某些大型户外广告的安装位置随意、固定措施简单，结构支架经过长期的日晒雨淋和海风侵蚀已锈蚀失稳，在台风等极端天气条件下极易倾覆；悬空的供电和通讯管线绞缠在一起，外皮多已老化开裂，且局部距离地面过低；各种尺寸和形状的电箱机柜在人行道上随意布置，甚至横亘于人行道中央，且缺乏必要的警示标识和防护设施，个别柜门已损坏甚至遗失，电气开关和线路直接暴露在外。

博爱南路上的东方红大厦，是一栋建于20世纪70年代的住宅，经专业机构鉴定和评估，结构安全性为D级，属于整幢危房。现状情况触目惊心，梁柱钢筋裸露在外，内墙皮斑驳脱落，外墙面上长满了野草，管线老化失效，楼道昏暗潮湿，蟑螂老鼠横行。就是在这样危机四伏的环境条件下，楼内仍住着几十户居民，多数为低收入、老龄化群体。

三角池是一个区位显著但特征匮乏的灰色地带，活力十足的城市图景背后隐藏了不少安全隐忧。可以说，三角池是改革开放以来我国粗放式城市规划、建设、管理的直接例证和真实写照。

图 2-11　东方红大厦存在重大安全隐患

城园难融

海口城市的集中建设区域出现在江海交汇之处，腹地结合山、林、田、园形成城园交错的布局。东西湖和人民公园是中心城区不可多得的蓝绿开放空间，其不规则的自由边界与城市街块犬牙交错，是整体城市格局的鲜活例证。而现实中，自然与人工两种秩序的交界地带却是封闭、消极的边角料空间，城园难融。

（1）临水难亲水

东西湖原有岸线形式为陈旧的硬质驳岸，水面与岸线最大高差近 2 米，因此不得不采用铸铁栏杆或石柱铁链隔离空间，保证行人及游人的安全。此外，沿博爱南路的岸线，现状植被缺乏必要的修剪和整理，多年来任其自由疯长，几乎完全遮挡了观湖视线，人站在湖边，却看不到湖面，人和水的关系较为疏离。

（2）近园难赏园

三角池片区的现状植物主要由观赏花木和行道树组成。人民公园内的观赏花木植种非常丰富，但整体上疏于管理和维护，由此呈现的空间格局稍显杂乱、局促，城和园之间缺乏空间的渗透和视线的连通。长势茂盛的灌木占据了相当数量的绿地空间，虽营造了多样的景观层次，但高大、连续的植株体量使本就不大的空间更显压抑、闭塞，游人不愿靠近，更不敢进入，经年累月成为垃圾堆场和露天厕所。东湖路和博爱南路的行道树以榕树为主，很多树木虽已成株，但因局部路段少树缺树，未能形成连续的林荫步行空间。

图 2-12　封闭、消极的滨水界面；单调、乏味的滨湖空间

（3）可游不可憩

东湖路南侧岸线空间较为宽敞，但地面全部以水泥地砖简单处理，缺乏供人停留休憩的场地和设施，加上湖水的异味，平时人气冷清，与道路北侧店铺呈现的市井活力形成巨大反差。人民公园滨湖的开敞空间以景观绿地和硬质园路为主，成为附近居民日常休闲活动主要场地，但同样存在可游不可憩的问题。

夜色暗沉

夜幕降临后的三角池活力不减，城市的街道上车流不息、人头攒动，而一园两湖的人气却低了不少，空间亮度不足、照明系统缺失等问题是最主要的原因。

三角池城市空间的夜景照明系统主要涉及功能性和景观性两类照明设施。功能性照明设施为市政道路路灯、园林广场的庭院灯等环境光源，现状问题为管理维护乏力、灯具光源缺损、设备线路老旧等。景观性照明设施包括楼体、植被、岸线等位置的氛围光源，主要问题为夜间的东西湖岸线及人民公园内部几乎是漆黑一片，仅有星星点点几盏庭院灯，而周边的建筑没有任何亮化措施，仅从门窗洞口和底层店铺透出微弱的室内灯光。

城市公共空间缺乏系统、人本、特色、节能的照明系统，夜间昏暗的环境氛围限制了休闲活动的范围和类型，从而直接影响了三角池的人气和活力。

图 2-13　夜色下暗沉的城市公共空间

生态环境堪忧

水体黑臭

东西湖水域面积合计约 7.5 万平方米，平均水深近 1.8 米，是中心城区重要的景观水体，下游向西北连接大同沟及龙昆沟。城市空间的扩张和对经济增长的过度追求，往往是以严重破坏自然环境为代价的，东西湖数十年间的变迁就是一个典型的例证。20 世纪 50 年代，美舍河与东西湖连通，为其提供了水源补充，但在随后的一二十年间，随着中心城区建设强度的不断升级，联系二者的沟渠被逐渐堵死、填平。失去了水源补给，东西湖成了死水一潭，而周边地段的生活污水和垃圾直接向湖内排放、倾倒，湖

水日渐发黑、发臭，漂浮物遍布整个湖面。东西湖成为名副其实的城市下水道，污染问题日趋严重，被国家列入全国重点督查黑臭水体名录。

针对上述问题，近年来相关部门多次开展对东西湖水体的污染治理，主要采用“截污、清淤、引清流入湖”等措施，即封堵直排入河的污水口，清挖湖底淤泥，自南渡江经由美舍河向东西湖引水，加强水体循环机能，但实际治理效果欠佳。究其原因，主要为以下三个方面：首先，引自南渡江的水源为咸水，扰动了东西湖原有淡水环境的生态平衡；其次，单纯补水仅稀释了污染物浓度，无法真正激发生物降解作用；第三，根据现状市政管网情况，现有管线设施无法满足雨污完全分流的标准，东西湖周边近1.5平方公里范围内的降水要汇集入湖，其中混合了相当比例的生活污水，阴雨天气过后，湖水返黑返臭现象时有发生。

图 2-14　东西湖的黑臭水体

生态脆弱

东西湖现状驳岸为直立式的毛石砌筑墙体，水、土壤、植物和微生物的接触面积过低，无形中阻隔了湖岸上下的生态系统交互，滨水岸线缺少可供水生动植物生存和栖息的环境条件。

海口温润多雨的气候为东西湖带来了数量可观的淡水补充，而上游美舍河引水、下游大同沟感潮带来的盐度影响，导致东西湖水体盐度变化频繁，变幅较大。水体指标的不稳定性造成湖区内鲜见高等水生植物，死鱼现象屡见不鲜，枯水季节尤甚，而脆弱的生态系统又使水体的自净能力丧失殆尽。

植物种群方面，东西湖岸线及人民公园内的乔木以小叶榕、高山榕、榄仁木、印度紫檀、椰子为主，长势较好。小乔木及灌木无序生长，造成植株过密，通风不良，滋生蚊虫；地面光照不足，草本植物比例偏低，难以形成均衡的结构性群落，生态系统稳定性欠佳。另外，博爱南路的滨湖一线，现状植被较其他区段稀疏，行道树存在局部断续的问题。

图 2-15　东西湖脆弱的生态系统

道路交通无序

三角池所在的中心城区，空间局促，人口密集，老百姓的交通出行压力明显高于城市其他片区，一直以来迫切地需要更新交通理念、升级交通设施、规范交通秩序。而中心城区恰恰又是交通规划、建设、管理欠账问题的重灾区，导致通行秩序混乱、空间效率低下、道路拥堵异常等问题。

角色尴尬

随着海口的城市建设与发展，三角池片区从最初位于城郊的、衔接城市内外的门户节点，逐步转变为中心城区南北向交通主轴上的转换枢纽。

建省之初，海口的城市集中建设区域主要集中在三角池片区以北至海甸岛约 22 平方公里的范围内。“三角池”的地名就是取意自原先位于博爱南路—海秀东路—海府路交叉口中心的三角形水池，在当时的交通容量规模下，这个具备环岛功能的水池较好地解决了城市南向交通的内外衔接问题。经过近 30 年的发展，三角池已成为由海甸岛经骑楼老街、大英山 CBD、琼州府城，到海口东站这一贯穿中心城区南北向交通大动脉上的重要节点。据不完全统计，近 10 年来，海口市私家机动车保有总量由 80000 辆增长至 690000 辆，涨幅近 9 倍，原有的道路等级和设施配置早已变得不堪重负。

图 2-16　三角池路口处等红灯的电动车大军

根据2016年海口市城市道路交通协调联席会议办公室发布的调查数据，由海甸岛向南，经人民桥、新华路和博爱路至三角池一线，是全市非机动车交通最为集中的廊道。而位于这条廊道南端三角池，是海量的非机动车流汇入全市骨干路网的转换节点。除了南向与海秀东路、海府路两条城市主干道直接连通之外，三角池片区在其他方向的路网连通条件并不理想，其承载的交通压力不言而喻。此外，片区内现状道路的机动交通通行条件有限，向北延伸的博爱路及其西侧平行的新华路都是道路红线不足20米的窄断面支路，目前只能按照机动车单向通行的方式进行流量控制。

路权失衡

三角池坐拥一园两湖，优美的自然环境使之成为中心城区老百姓户外休闲活动场所的日常首选。片区紧邻几个传统商圈，百度大数据热力图显示，这里是海口中心城区最吸引人流的几个商业热点之一。因此，无论是慢行出行数量，还是出行强度，三角池都明显高于周边片区。此外，中心城区内往往拥有更高比例的老、幼、残障以及游客等交通弱势群体，对于安全、便利的人性化交通环境具有更加迫切的需求。

然而，在过去相当长的一段时期，城市交通规划和道路建设片面追求机动交通的通行效率，忽视了中心城区的环境特征、功能业态和出行需求，在道路空间的路权分配、慢行空间的细节设计等方面都缺乏人性化的考量。

空间低效

三角池片区原有的道路设施条件已远远落后于时代要求，道路空间利用效率也处于整体较低的水平。以博爱南路—海秀东路—海府路交叉口为例，最初是由三条不同方向的道路自然交接形成的异型路口，位于中心的三角形水池起到了交通环岛的疏导作用。2016年年初的升级改造工程实施后，原有环岛式平交模式调整为灯控信号模式，机动交通的通行效率得到了大幅提升。但是，路口最初的不规则形态并未纳入工程改造内容，仍存在相当比例的低效、无效空间，空间利用效率低，大而无当；行人及非机动车过街距离过长，慢行交通通行体验欠佳，对于行动不便的人群尤甚；日常停车管理缺位，有限的行人及非机动车通行空间被违章停放的机动车挤占殆尽，慢行交通有效通行空间不足，机非混行现象普遍。

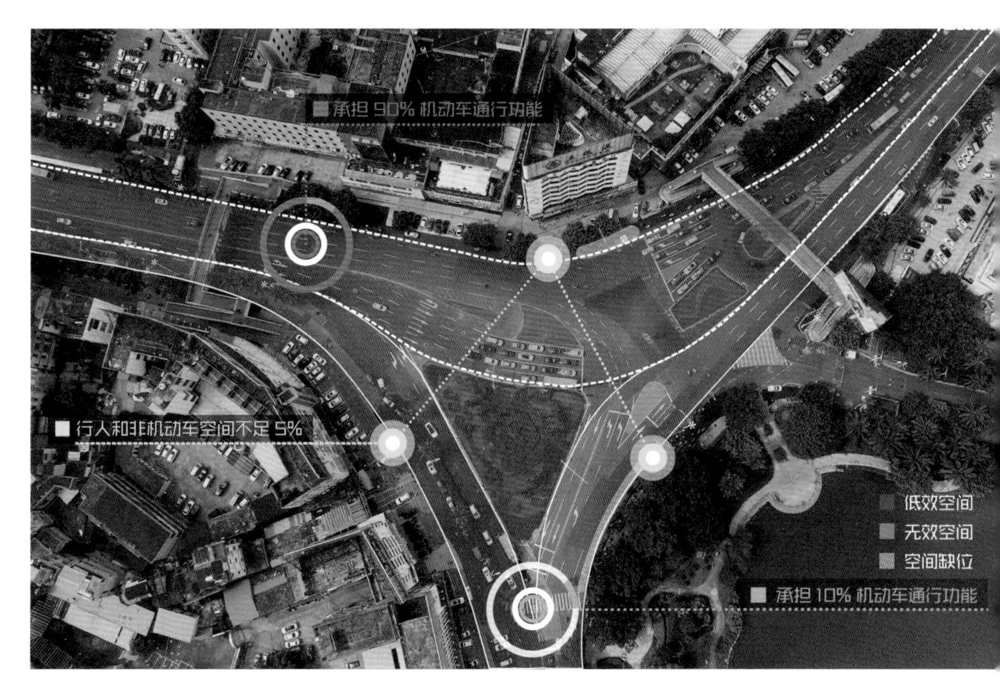

图 2-17 三角池交叉口改造前空间利用情况

人文精神黯淡

记忆模糊

三角池承载了一代海口人的乡愁印记，很多市民的家中至今还珍藏着在人民公园游玩、在东湖上泛舟的老照片，这是他们无法忘怀的童年记忆；能够出入华侨大厦、海口宾馆、海口戏院这些当年高大上的场所，又是多少人的年少梦想。

输入相应的关键词，在互联网上总能搜罗出网友们幸福满满的"三角池记忆"：

"小的时候，外婆时常带着我，花上两毛钱就可以在琼剧院看一场演出了。"

——网友"海湾战争"

"三角池是我们的乐园，每到夏天晚上，集结邻居一帮小伙伴在里面捉迷藏，当然能向父母讨上两个钱买个冰糕吃，那是一大美事了。"

——网友"玉兰飘香"

"小时候经常跑到人民公园里面玩的，里面几棵鸡蛋花开得漂亮，路过总喜欢摘一把来玩。"

——网友"图腾"

"每到一座城市，总能遇见公园，小时候妈妈牵手带着去的地方，长大后也依旧充满满满的回忆，记我的人民公园。"

——网友"萝卜和小花"

"原来三角池和东湖都是开荷花的，下过雨后偶尔会看到彩虹，小时候经常在那里发呆。"

——网友"虾子阿饼"

图 2-18　三角池记忆

三角池也见证了一众“闯海人”的激情岁月。海南在坊间被戏称为我国第一代民营企业家的“黄埔军校”，而三角池则是大家公认的“军校大门”。因为，当年许多人怀揣希望到海南闯荡生计的精彩故事，就是从三角池的“闯海墙”开始的。

然而，在三角池，这些“最海口”的记忆和精神却随着时间的流逝而模糊黯淡，“闯海墙”、三角池、海口戏院、古玩花街、海口宾馆等一系列延续乡愁记忆、传承奋进精神的场所正在消逝，“失联名单”变得越来越长。

文化式微

以三角池为代表的中心城区，是孕育、滋养市井文化、草根文化的沃土。改革开放40年来，中心城区在经济发展和城市建设方面日新月异，而根植于其中的城市文化却日渐式微，文化所依附的场所空间不断消陨是一个重要的原因。琼剧的艰难处境与海口戏院的长期搁置，即是一个典型的例子。

琼剧，亦称"海南戏""琼州戏"，与广东的粤剧、潮剧和汉剧并称为"岭南四大剧种"，至今已有300多年的历史。而今天，琼剧却面临着多重窘境：首先是观众群体的分化断层、严重流失，琼剧爱好者主要以老年人居多，农村爱好者的比例明显高于城市；其次是鲜见精品佳作，现有题材大多还是围绕"才子佳人""保忠除奸""英雄救美"等"老三板"，缺乏原创力量；最后是表演、编剧、导演等专业人才队伍的青黄不接，琼剧大师级的表演技艺未能得到全面传承，观众普遍反映艺术水准"今不如昔"。作为整个海口市唯一一座专业琼剧戏院，不仅为这一重要的地方戏曲剧种提供了展演、交流的窗口，同时也保护并延续了城市的文化认同。而随着老海口戏院的拆除，围绕琼戏的文化认同也就失去了赖以依存的空间载体。

诸如此类，天后祭祀、冼夫人信俗等民俗礼义，斋戏、龙舞、狮舞、麒麟舞等节庆表演，虽已被纳入国家、海南省、海口市的非物质文化遗产名录，但因缺乏特色性、传统性、专业性的物质环境载体，中心城区的文脉延续难以为继，市民百姓的文化认同感也随之逐渐衰弱。

图 2-19　1999 年的海口戏院

公共服务乏力

定位不力

与周边传统或新兴的商圈相比，三角池只能算是商业活力的洼地。北部骑楼老街为特色鲜明的历史街区，是外地游客必去的"网红打卡地"；解放、友谊、大同等传统商圈则揽走了相当份额的本地回头客；随着南部大英山 CBD 的崛起，三角池的境遇愈发艰难，呈现出中低端业态为主、同质化竞争严重的颓势。

博爱南路是远近闻名的"小商品一条街"，主要业态包括节庆花饰、儿童玩具、办公文具、工艺美术、五金建材、家居布艺、劳保用品等。东湖路一线则密布了数十家电动车商行，是海口名副其实的"电动车一条街"。在项目前期与社区居民的座谈中，商户违规占道经营、电动车噪声扰民等问题被反复提及。

海南建省以来，三角池片区的主要功能业态经历了数次变迁，曾先后以花卉市场、古玩市场、黄花梨市场为人所知，今天又成为"小商品一条街""电动车一条街"，功能业态的更迭一直未走出低端业态、同质竞争的循环怪圈，缺乏科学的自身定位和明确的发展目标。可以说，三角池片区的功能定位和业态构成始终无法匹配其地处中心城区、坐拥一园两湖的区位价值和环境品质。

图 2-20　三角池片区商业发展始终未走出业态低端、同质竞争的怪圈

华雅画廊
家华画廊
海口市博爱南路155号 电话：66232044 31676988
手机：15103066575 13698908994
康华保险箱
百威保险柜
民光镜店
利之宝童车商行
鑫纪盛五金商行
好孩子
30年老店

设施失位

（1）文化设施

三角池所在的中心城区，文化设施无论从数量还是质量方面，整体都处于较低的水平，图书馆、博物馆、影剧院等大中型文化设施尤甚。位于新华南路16号的海口市图书馆，建筑面积不足4000平方米，藏书量仅39万册，其实际规模仅为社区级的标准，远远不能满足市民日益增长的文化需求。西湖南岸的海口戏院曾是海口市唯一一座专业戏院，2003年6月，由于建筑年久失修、经营管理不善等原因，经海口市政府批准正式停业，并于2016年6月拆除。

（2）功能设施

三角池片区周边环绕着海秀、大同、友谊等多个传统商圈，商业氛围浓郁，日常生活便利。然而，沿街商铺的广告标识量大面广，整体处于低质、

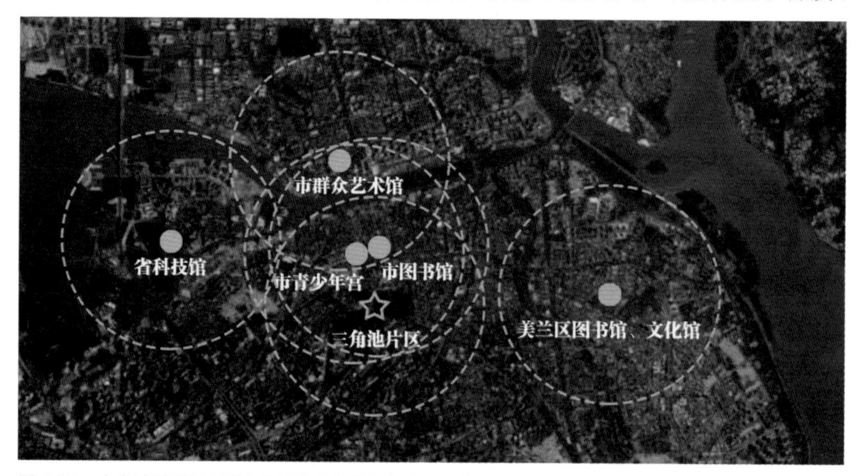

图2-21　中心城区组团大型文化设施分布及服务半径示意图

图 2-22 功能设施疏于维护，乱象丛生

无序的状态，已成为影响市容市貌的主要负面因素。主要问题包括：尺寸各异，形式不一，色彩杂乱，材质粗劣，安装随意；店招牌匾的风格及样式多是从品牌形象宣传的角度考虑的，对其所依附的建筑风格以及海口地域风情，缺乏应有的协调与照应。

相当比例的沿街建筑未设置专用的空调室外机位，外墙面上空调机箱密布，位置无序、大小不一；冷凝水管任意搭垂在墙面上，空调工作产生的冷凝水直接滴落在下方的人行道上，殃及路人。建筑门窗等功能构件和附属设施缺乏必要的日常管理和维护，私人封阳台、加装防盗网的现象屡见不鲜，形式、材质皆有失整洁、美观，相当比例的防盗网存在锈蚀破损问题。某些年代久远的建筑，部分老旧的室外管线虽已废弃不用，但并没有及时拆除，与新的管线绞缠在一起，有碍观瞻。

图 2-23 商业广告标识整体处于低质、无序的状态

地砖盲道、座椅坐凳、扶手栏杆等便民设施等均已出现不同程度的破损、松动，安全隐患问题突出。除公园绿地中零星布置的几个座椅外，整个东西湖岸线上几乎找不到供人休憩的设施，人们只能在路牙石、阻车挡杆、花池栏杆上将就片刻。此外，虽毗邻骑楼老街、人民公园等重要景点，片区内的街道中缺乏必要的信息导向系统，无法给外地游客提供必要的信息指引。

（3）市政设施

按照《海口市城乡环境卫生设施专项规划》的相关要求，在三角池片区 2.3 平方公里的范围内，公共卫生间的数量不应少于 5 处，而现状一园两湖及周边区域仅有 3 处，其中 1 处还是由违章建筑改造而成的。公共卫生间的布点密度不足，沿湖植物茂密的角落成为人们临时解决内急的处所，蚊蝇飞舞，垃圾遍地。

阻车柱、路灯灯杆、公交站台等道路交通设施，以及树池箅子、花箱、垃圾桶等园林环卫设施，样式有待统一，数量也有缺口。消火栓、检修口以及暴露在公共空间中的不明管线等基础设施设备，则存在安装位置随意、地面部分过高过大等问题，片区的供配电设备常年处于超负荷运转的状态，容量缺口巨大。另外，广场路与大同路交口逢雨必涝，附近的居民经常要趟过齐腰深的积水艰难出行，苦不堪言。

风貌杂芜、特色缺失、水体黑臭、生态脆弱、城园难融、交通滞乏、文脉难续、功能缺失等一系列城市病症，如此密集地盘踞在三角池的城市空间之中，并非偶然，也绝非个案。这些现实困境，实际上是中心城区在粗放的城市建设发展模式下，轻视人本价值、生态价值和文化价值，野蛮生长过后亟需补交的学费，典型性、综合性、复杂性突出，应系统谋划、多举并治、精耕细作。

图 2-24 广场路与大同路交口逢雨必涝的问题异常突出

第三章

重塑·三角池

海口城市更新，是继三亚“双修”工作之后，中国城市规划设计研究院多专业集团军的又一次理论探索和设计实践。总体技术框架以“行动纲要”为引领，以“系统专项”为支撑，以“示范项目”为抓手。海口城市更新三角池示范区位于技术框架的第三层级，是以城市品质提升专项规划为引领，旨在实现“环境品质更好、精神记忆常新”的综合性示范项目。

规划设计坚持问题、目标双重导向，搭建重塑空间场所、重整生态本底、重织交通网络、重铸文化认同、重补优质设施、重理社会善治六大规划设计策略，多专业协同，系统治理三角池片区的城市顽疾，助力实现片区“最海口”的目标愿景。

项目实施落地工作庞杂、琐碎，涉及四方主体。作为其中的技术责任主体，中国城市规划设计研究院项目团队通过工作模式和方法的创新，积极主动地在四方之间搭建实施、宣贯、管理三个平台，全过程贴身服务，有效解决实施过程中出现的各类问题，全力保证项目按时、保质、足量深入推进。

01 海口模式

工作背景

作为海南省省会，海口城市规模巨大、功能复合、人口集聚，近年来以“多规合一”和“双创”工作为抓手，在城市发展建设方面成绩斐然。然而，在城市发展模式由粗放外延向高效内涵转型的关键时期，重新审视海口城市的自然环境、场所空间，依然存在诸多问题和不足。

基于对城市发展转型趋势的深刻认识，2016年年底，海口市委、市政府在学习三亚“双修”试点工作经验的基础上，重点借鉴国际相关的先进理念和成功案例，结合自身的发展定位和现实问题，着手筹划城市“双修”工作，力图在整体、系统、协同推进生态文明建设方面引领示范。2017年2月7日，海口市政府与中国城市规划设计研究院签署战略合作协议，正式委托中国城市规划设计研究院以技术总承包的方式开展城市“双修”工作。参照国际语境，相关工作定名为“海口城市更新”。

原则目标

根据 2017 年 3 月 6 日印发的《住房城乡建设部关于加强生态修复城市修补工作的指导意见》，城市“双修”工作应该坚持“政府主导、协同推进；统筹规划、系统推进；因地制宜、有序推进；保护优先、科学推进”的基本原则。在此基础上，结合海口市委、市政府提出的目标愿景和城市的实际情况，中国城市规划设计研究院综合技术团队将本次工作的基本原则进行特色演绎，确定为“政府主导、规划统筹、利益共享、公平公开”，坚持以人民为中心，切实解决海口市最突出的城市建设发展问题，充分满足海口人民对美好生活日益增长的需求。

工作目标方面，针对海口市委、市政府提出“践行十九大，扛起生态文明建设的省会担当”为总体目标，海口城市更新工作从经济建设、政治建设、文化建设、社会建设、生态文明建设五大方面分解城市“双修”的工作任务，重点解决不平衡、不充分发展问题。以推进公共产品供给侧结构性改革为主线，实施产业规划与城市规划双轮驱动，完善城市功能设施、公共服务设施；同时，进一步修复城市生态环境，改善城市环境面貌，提供更多优质生态产品，满足人民日益增长的对优美生态环境需要，建设国际化滨江滨海花园城市。

组织机制

两年来，海口城市更新工作在顶层设计、专项规划和示范项目三个层面均取得了不俗的成绩，这与其高效的组织工作是密不可分的。

行政管理方面，海口市专门成立城市更新领导小组，主要负责决策部署、工作指导、统筹协调、整体安排、督促落实，议定相关重大事项。领导小组下设规划统筹、品质提升、棚户区改造、水体治理、增绿护蓝、交通优化、文化复兴、山体矿坑修复、项目统筹九个具体工作组，由市政府领导分管，根据职能分工明确责任单位，负责抓细抓实城市更新各项工作任务。

技术协同方面，采取中国城市规划设计研究院技术总承包与专家顾问团队咨询的组合模式。中规院成立了由规划、建筑、交通、名城、风景、水务、照明等多个专业院、所组成的综合技术团队，专业技术人员共计80余位，在院领导的统领协调下，分别承担不同层次、类型的规划设计工作。另外，海口市还聘请国内相关领域的知名专家、学者组成城市更新工作的顾问团队，定期组织召开专家咨询会议，进行专题技术指导。

技术框架

海口城市更新工作坚持“先布棋盘，再落子”的总体思路，制定目标明确、层次清晰、系统协同、主次分明的技术框架，谋定而后动。位于技术框架第一层面的《海口城市更新行动纲要》，是海口城市更新工作的顶层设计和作战手册，问题导向着力解决百姓关注的热点问题，目标导向突出“一江两岸五网络、东西双港两融合”的城市战略结构，系统梳理、总体统筹制定行动步骤和实施重点。第二层面是系统专项规划，关注空间、生态、交通、设施、文化、社会六个维度的协同推进和整体提升，分别制订更为详细和深入的实施细则。最后一个层面是综合示范项目，在《海口城市更新行动纲要》的指引下，结合六个维度的专项规划，筛选识别出城市的重点区域和关键节点，有针对性地策划综合性示范项目。

海口城市更新工作是对标新时代城市“双修”工作的精神要义，结合海口市“建设国际化的滨江滨海花园城市”的战略定位，以“行动纲要”为引领，以“系统专项”为支撑，以“示范项目”为抓手，系统施治、整体提升、项目带动、近远结合，努力实现“践行十九大，扛起生态文明建设的省会担当”的总体目标。

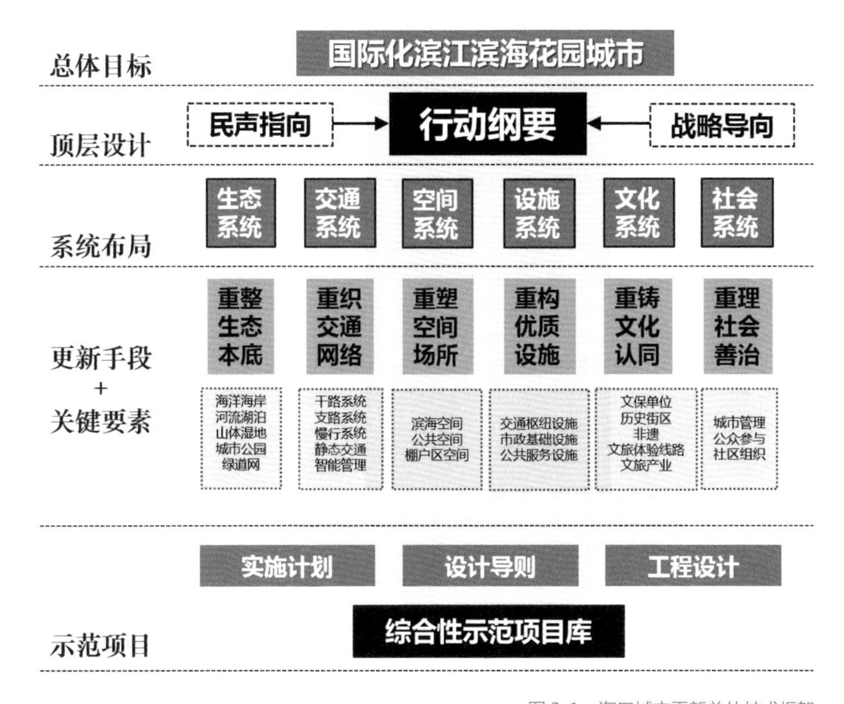

图 3-1　海口城市更新总体技术框架

实施计划

由于城市“双修”工作具有更加明确的目标导向，更具综合性的示范效应，以及更为具体的实施要求，与传统类型的规划设计单一项目相比，它具有更长的实施周期和更为周全的过程性要求。

《海口城市更新行动纲要》在充分对接《海口市总体规划（空间类2015-2030年）》《海口总体城市设计》的基础上，结合城市发展定位，提出兼具战略思维和系统完善的总体结构。专项规划层面则针对各类具体的问题，制定更为详细和具体的实施细则。示范项目层面，参照城市更新工作的六重原则，借助城市设计的技术手段，筛选识别出城市更新的重点区域和关键节点，以问题的紧迫性、市民关注的重要性、系统提升的完善性、示范效应的带动性为导向，筹划并建立实施类综合示范项目库。此外，项目库的整体实施时序重点考虑与重大时间节点的契合度，分别按照“建省办经济特区三十周年（2018年4月）”“改革开放四十周年（2018年12月）”“建国七十周年（2019年10月）”和“建党一百周年（2021年7月）”四个时间节点，分期、分批推进落实12个重点示范项目和118个城市更新项目。

其中，海口城市更新三角池示范区是首批实施的12个重点示范项目之一，是海南建省办经济特区30周年精品工程。项目以城市品质提升专项规划为引领，兼顾建筑风貌整治、交通秩序规范、环境景观提升、两湖水体治理、海绵生态建设、夜景照明亮化，是再现市井文化、修复城市记忆的综合性项目，分两期实施。

图3-2　海口城市更新工作示范项目实施计划示意

2021-

TO BE CONTINUE

项目节点：2021年7月
纪念意义：建党100周年
项目数量：　7
备　　注：第三批示范项目

2018.04

项目节点：2018年12月
纪念意义：改革开放40周年
项目数量：　17
备　　注：备选示范项目

2019.10

2021.07

.02

项目节点：2018年4月
纪念意义：建省30周年
项目数量：　62
备　　注：首期示范项目

项目节点：2019年10月
纪念意义：建国70周年
项目数量：　28
备　　注：第二批示范项目

2018.12

府与中国
设计研究
略合作协
开展海口
行动。

更新三角池示范区　❷ 五源河片区棚户区区改造　❸ 西海岸带状公园修复整治　❹ 火山口-永庄水库-五源河综合环境提升

状公园　❻ 老城滨水绿道　❼ 五公祠及府城东北部片区综合提升　❽ 鼓楼、琼台福地及周边地区综合提升

门户枢纽综合提升　❿ 丁村-迈仍片区综合更新示范　⓫ 南渡江铁桥及周边地区综合提升　⓬ 机场进出口市区通道景观提升

02 规划设计

“最海口”

虽然存在着林林总总的“城市病”问题，但在实地调研中，项目组成员却真切地感受到了三角池片区的“最海口”特质，可以说，环境最亲切、记忆最可贵。

环境最亲切

三角池是一个全时、全日、全季的活力街区，也是一个多彩、多维、多样的城市客厅。三角池坐拥一园两湖，环境本底优越；从人民公园北门出发，步行几分钟即到达骑楼老街历史街区，海秀、大同、友谊等多个商圈近在咫尺，生活服务设施便利；片区所辖的中山、博爱街道以本地原住民居多，在海口四季温润的气候条件下，一天中任何时候身处三角池，都能感受到老城独有的慢生活氛围。公园中起舞，东湖边漫步，榕树下小憩，长椅上对弈，巷弄口闲聊，小店前缝补……这一幕幕寻常的生活场景，构成了“最海口”的市井百态。

图 3-3　三角池片区未来发展的目标愿景

记忆最可贵

三角池承载了海口本地人的乡愁牵挂，不管是在童年记忆中、老旧照片上，还是过往旧事里，多多少少都与三角池有着千丝万缕的联系。可以说，三角池是激发市民认同感、归属感的场所符号。同时，三角池也是千千万万闯海梦开始的空间原点。过去，三角池是多少人闯海征程的起点；未来，随着"一带一路"倡议，以及海南国际旅游岛、自由贸易试验区等发展战略的推进深化，新时代海口发展同样需要开拓进取、破旧立新、知行合一的"新闯海精神"。

图 3-4　全时、全日、全季的活力街区

基于上述特质，三角池片区完全可以依托优越的环境资源、多样的服务设施、特殊的文脉积淀，以及在老百姓心目中的那份认同，打造“最海口”的市井文化体验，延续“最海口”的闯海乡愁记忆，这也是项目规划设计确定的片区未来发展的目标愿景。

问题导向方面，针对三角池片区面临的现实困境，规划设计提出“重塑空间场所、重整生态本底、重织交通网络、重铸文化认同、重补优质服务、重理社会善治”六重策略，综合性、系统性、针对性地解决实际问题。

重塑空间场所

城市的空间场所，不仅涉及建筑、植被、水体、道路、设施等众多空间要素，还包括人在其中的场所体验。对于林林总总的“城市病”问题，传统观念往往聚焦某一两种特定的“表观病症”，寄希望于专科治疗、对症下药，往往陷入“头痛医头、脚痛医脚”的循环怪圈。而在这一诊疗的过程中，如果片面追求形式或美观，忽视使用者的主观感受，得到的是空间的风度，失去的是场所的温度，难以标本兼治。

重塑空间场所，就是要让公共空间与市民生活重建密切的联系，改善城市的宜居性。项目规划设计尝试从人的主观感受出发，构建特色、生态、完整、人性的空间场所体系。通过绘特色风貌、引蓝绿入城、营夜景流光三大策略，对三角池片区的空间要素进行精细设计与品质提升，塑造有魅力、有活力、有风度、有温度的人性化场所。

绘特色风貌

作为围合城市空间的界面要素之一，建筑是体现城市风貌特征、传承城市历史文脉的重要载体。三角池片区的建筑风貌整治工作，共涉及东西湖沿岸的117栋建筑，总建筑面积近15万平方米。针对现状建筑风貌杂芜、平庸、粗糙等问题，相应的技术策略可概括为分步处理和逐级控制。

（1）分步处理

分步处理，是在全面分析现状条件的基础上，依次对建筑进行更新时序、整治目标、整治措施三方面的定性分析，简称“分时、分级、分类”三步曲。

分时，是综合考量建筑物的区位条件、土地价值、配套设施、形态体量、维护质量、安全隐患等多方面因素，评价优先级别，确定更新时序。分级，是根据城市设计分析，衡量建筑单体在片区、街道、节点等不同尺度城市空间内的权重等级，继而按照魅力线、美观线、整洁线、完好线四个标准归类，确定整治目标。分类，是参照现状建筑应达到的整治目标，结合现实条件，采取保护修复、维持现状、轻度整治、中度整治、重度整治、拆除或重建六类整治措施，灵活处理、区别对待，从而避免传统观念下城市更新“一刀切”的简单化处理。

东升楼是博爱南路上的一栋多层商住楼，通过“分时”和“分级”相关分析，被纳入近期整治计划，整治标准为魅力线。原有建筑建于20世纪80年代，虽存在屋顶违章加装大型户外广告、个别门窗破损等问题，但整体维护状况较好。此外，原有设计方案充分考虑了沿街西向界面的遮阳措施，规则排列的竖向遮阳板韵律感十足，又是立面上主要的装饰构件，形式与功能巧妙结合。值得一提的是，建筑沿街界面南侧实墙面上，红色行书体的“东升楼”三个字异常醒目，是三角池独有的城市记忆符号之一。鉴于上述情况，“分类”处理采取轻度整治措施，拆除违章广告和违法建筑，整理、规范店招牌匾，粉刷、修补污损外墙面，维修、更换破损门窗及附属设施，还原建筑的“本真面目”和“健康机能”，并未做过多干预。

对于危旧房屋、违法建设等严重影响人民生命及财产安全的问题，则采取重度整治、拆除或重建等措施，守住生命红线和安全底线。参照现场踏勘情况和专业鉴定结论，结合以往工程设计经验，项目技术团队第一时间整理了安全隐患排查清单，并建议联合消防、安监、住建、街道办等多个部门进行综合评估认定，并快速启动治理行动，为建筑风貌的整治工作按期实施、顺利推进奠定了扎实的基础。

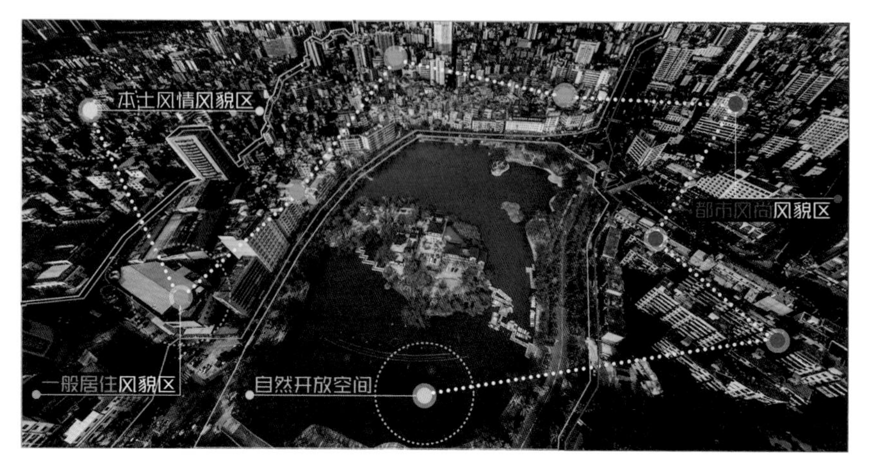

图 3-5　三角池片区风貌区划示意图

（2）逐级控制

逐级控制，是将城市设计视为支撑城市更新的有效技术手段，重点借鉴建筑风貌管控的框架思路，按照空间尺度由大至小的顺序，依次从城市片区、街道界面、建筑空间、细部装饰四个层级，对建筑风貌整治提出系统性的设计指引。可以说，“分步处理”追求品质保证，而“逐级控制”则关注特色营造。

城市片区层级，从城市风貌特征来看，参照“海口总体城市设计”的风貌区划，三角池片区由南至北跨越本土风情风貌、一般居住风貌和都市风尚风貌三个分区；从城市空间格局来看，一园两湖作为中心城区重要的蓝绿开放空间，其边界是由紧密布局、体量各异的建筑围合而成的。因此，可以说三角池片区是一个现代与传统风貌、自然与人工环境的交界地带。此外，因新加坡在地理环境、气候特征、人文底蕴等方面与海口拥有诸多相似性，在重点研究借鉴其城市更新相关成功经验的基础上，三角池片区的建筑风貌定位最终确定为“简约风格、地域特色”。也就是说，建筑风貌从整体上强调现代基调与传统神韵、气候适应和文脉传承的结合。

图 3-6　建筑风貌整治前后效果对比示意图

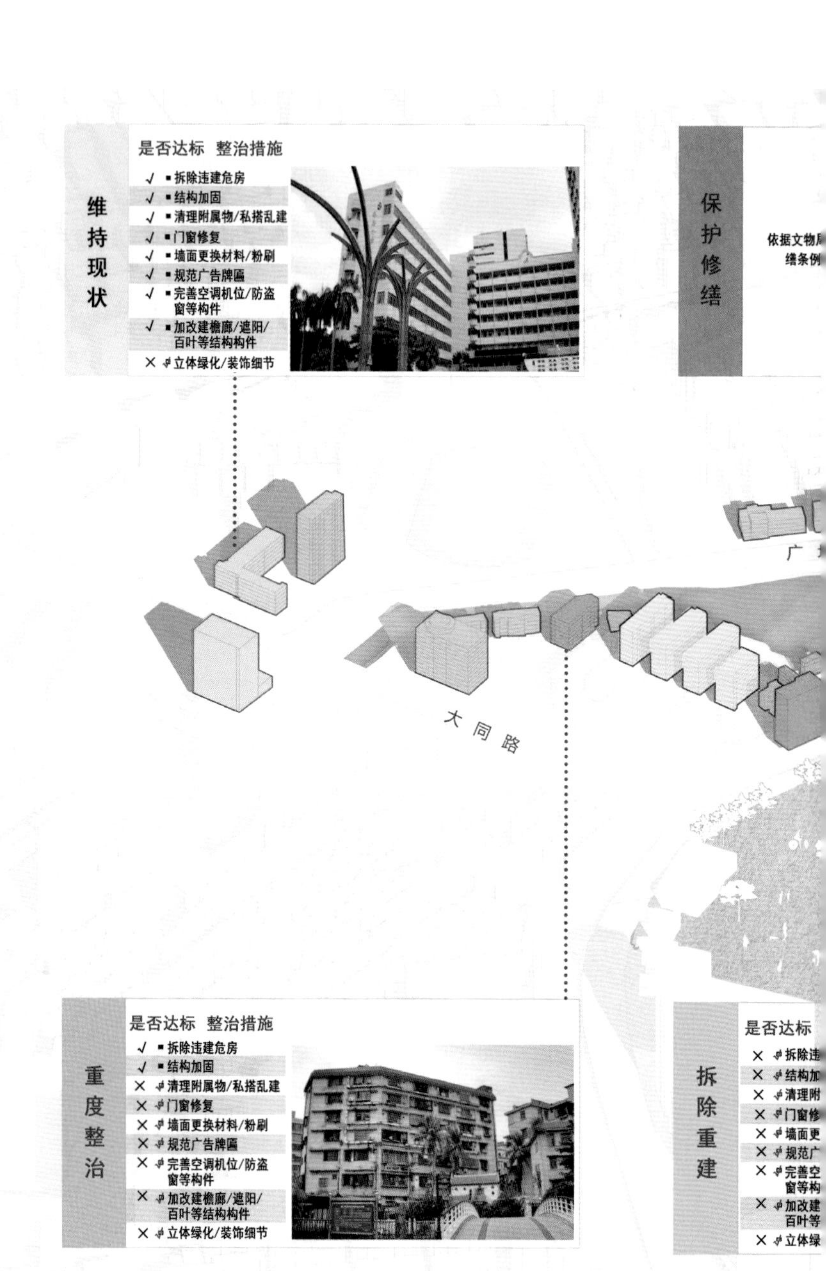

维持现状
是否达标 整治措施
√ ▪拆除违建危房
√ ▪结构加固
√ ▪清理附属物/私搭乱建
√ ▪门窗修复
√ ▪墙面更换材料/粉刷
√ ▪规范广告牌匾
√ ▪完善空调机位/防盗窗等构件
√ ▪加改建檐廊/遮阳/百叶等结构构件
× 立体绿化/装饰细节
保护修缮
依据文物
缮条例
大同路
重度整治
是否达标 整治措施
√ ▪拆除违建危房
√ ▪结构加固
× 清理附属物/私搭乱建
× 门窗修复
× 墙面更换材料/粉刷
× 规范广告牌匾
× 完善空调机位/防盗窗等构件
× 加改建檐廊/遮阳/百叶等结构构件
× 立体绿化/装饰细节
拆除重建
是否达标

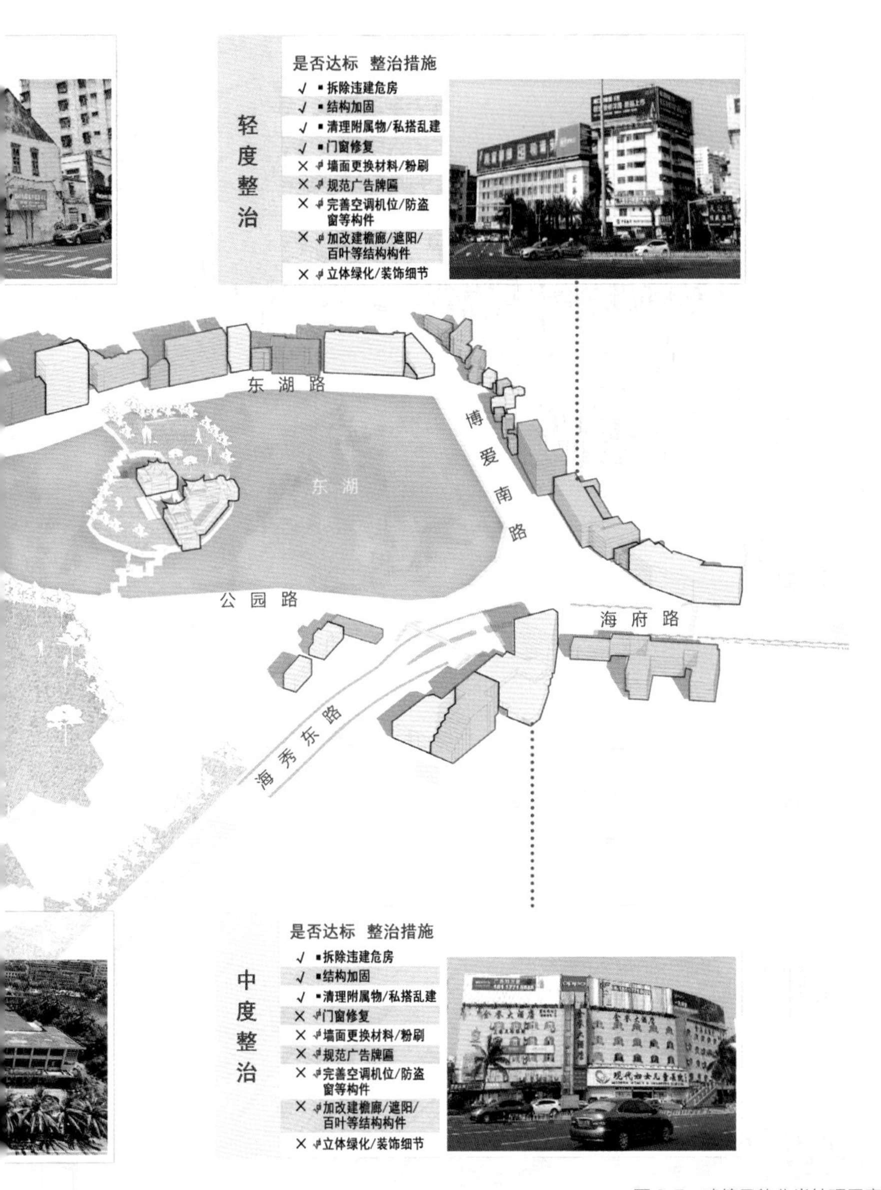

图 3-7　建筑风貌分类处理示意图

在第二层级，沿东西湖岸线的街道界面被视为一个整体统筹考虑。在保持街道界面整体均质肌理的基础上，理性控制节奏韵律变化，对于处于城市重要的空间节点或影响城市天际线轮廓的建筑，要重点发力，以达到张弛有度、主次相宜的整体效果。

建筑空间的第三层级上，建筑风貌整治重点解决室内外空间缺乏层次过渡的现状问题。针对海口高温多雨的气候特点，设计方案在原有光秃平直的建筑外墙上加装遮阳格栅和挡雨构件；在有空间条件的街段，沿街建筑增设底层檐廊，为行人提供遮阳挡雨的庇护，商业空间也相应得到扩展，既实用又经济。此外，结合遮阳挡雨构件的设置引入立体绿化，并设置专用的空调室外机位、规整冷凝水管。

细部装饰的第四层级上，规划设计重点锁定了别具地域特色的文化母题和自然元素。在对筛选出来的典型图案进行抽象、提炼、重构的基础上，将其转化为建筑语言，进行艺术再现。防盗网与室外空调机位格栅等功能

图 3-8　建筑细部装饰设计方案及灵感来源

构件的装饰纹样，其设计灵感源自本地常见的几种热带植物，包括三角梅、棕榈、毛竹等。另外，对于海口传统骑楼建筑，建筑设计团队精心搜集并提取了 2 ~ 3 种经典的立面样式，在保持其基本比例、制式的基础上，以简约、别致的形式用于风雨廊架、遮阳构架的装饰纹样方案中。

位于东湖路的如家快捷酒店是一栋板式高层建筑，无论其高度体量，还是区位关系，都是整个东湖北岸街道界面的关键节点。现状建筑外墙色彩采用企业特有的视觉形象体系，躁动明艳的黄紫色系搭配使其在东西湖北岸显得异常突兀。建筑形式为不折不扣的“平直光板”，外墙面没有任何遮阳、挡雨等热带气候的适应性措施，更谈不上体现滨海旅游城市的细节特征。建筑风貌整治在充分理解、领会片区风貌总体定位的基础上，外饰面色彩搭配遵循“浅、素、雅”原则，施以暖白色系，顺应地域建筑清新、雅致的色彩基调。如前所述，由于酒店位于人民公园北门这一重要的空间节点，同时其高大的体量为东西湖北岸城市天际线的制高点，因此，建筑风貌整治将立面形象的改善与设施功能的完善紧密结合起来。通过加装窗洞口遮阳板、空调机位格栅，以及垂直绿化种植槽架，增加室内外空间过渡，提高室内环境舒适度；同时，纵横交错的线条丰富了立面构图层次，加强了虚实对比关系，在海口充足的日照条件下光影效果强烈，塑造了热带建筑轻盈、通透的形象特征。

建筑风貌的管控，并不是简单、随性的构图艺术，而应表现一个城市特有的历史文化和生活方式，赋予城市空间以丰富的内涵，继而成为市民喜爱的“场所”。

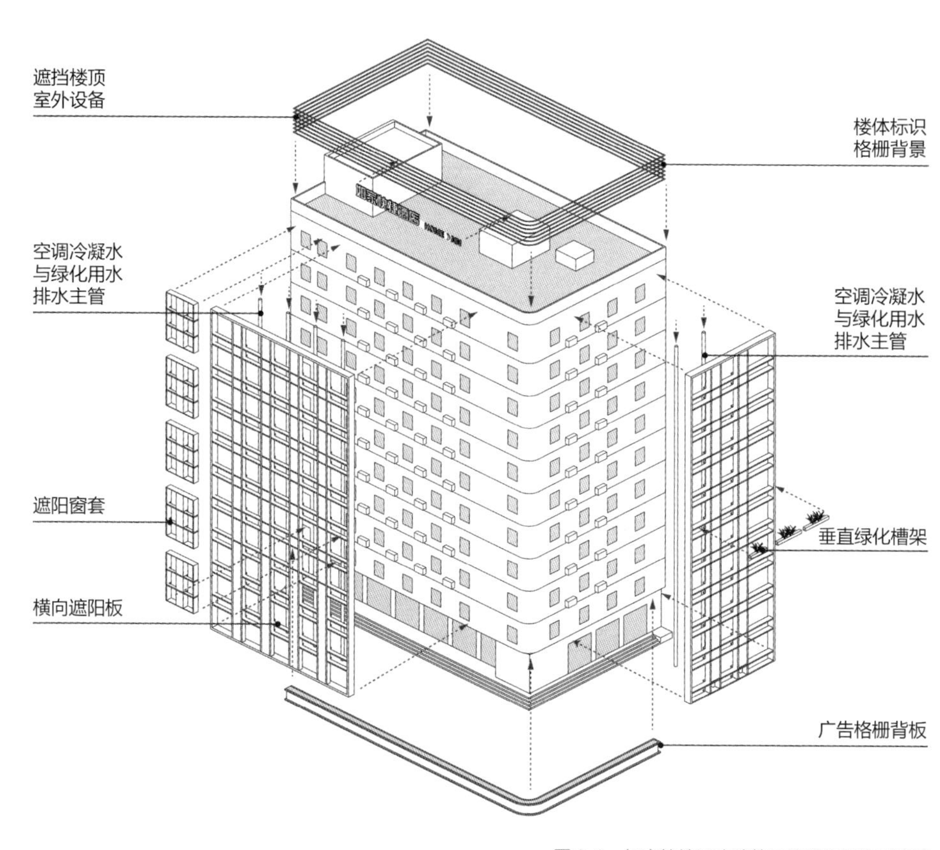

图 3-9　如家快捷酒店建筑风貌整治思路示意图

引蓝绿入城

（1）融通界面

对于东西湖岸线形式陈旧、植被缺乏养护，临水难亲水、近园难赏园的问题，环境景观设计分别进行了有针对性的优化调整。

首先是营造滨水岸线的亲水性。在水岸高差较大的区段，增设不同标高的观景平台、滨水栈道，外侧近水面处配以潜流湿地及水生植物，在保证使用者人身安全的前提下，降低栏杆高度，兼顾坐凳功能。人与水的空间隔阂消除了，互动关系也随之丰富起来，可漫步、小憩、赏花、戏水，其乐融融。

其次是加强滨水界面的渗透性。在充分研究滨湖空间市民活动特征的基础上，对于使用频次相对密集的岸线区段，植株配置方案完全保留现状大乔木，梳理调整小乔木及灌木，将沿城市道路岸线的灌木移栽至湖心岛等核心景观区域，增加植种的多样性和视觉的丰富性。对于个别区段乔木缺失的问题，则适当补植凤凰木等点景乔木，形成连续变化的林冠天际线。通过精心调配植株种类及位置，建立了联系湖景与城景的视线通廊，城园交融。

（2）贯通游线

如果把一园两湖及周边街区看成是城市有机体的不同组织，那么漫步体系就是组织之间及其内部的血液循环系统，其质量的优劣，直接决定了步行者能否自然顺畅、安全便捷地进入并使用这一中心城区的蓝绿开放空间，从而间接影响其场所活力。

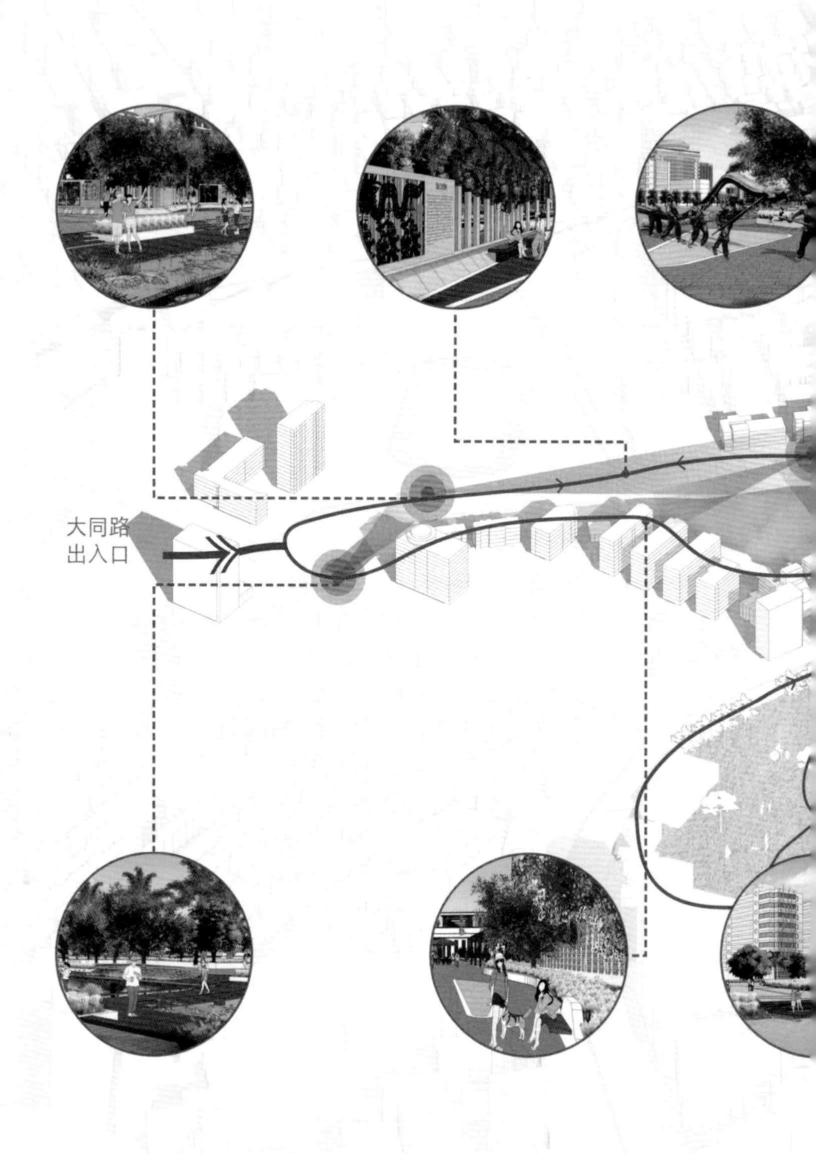
大同路
出入口

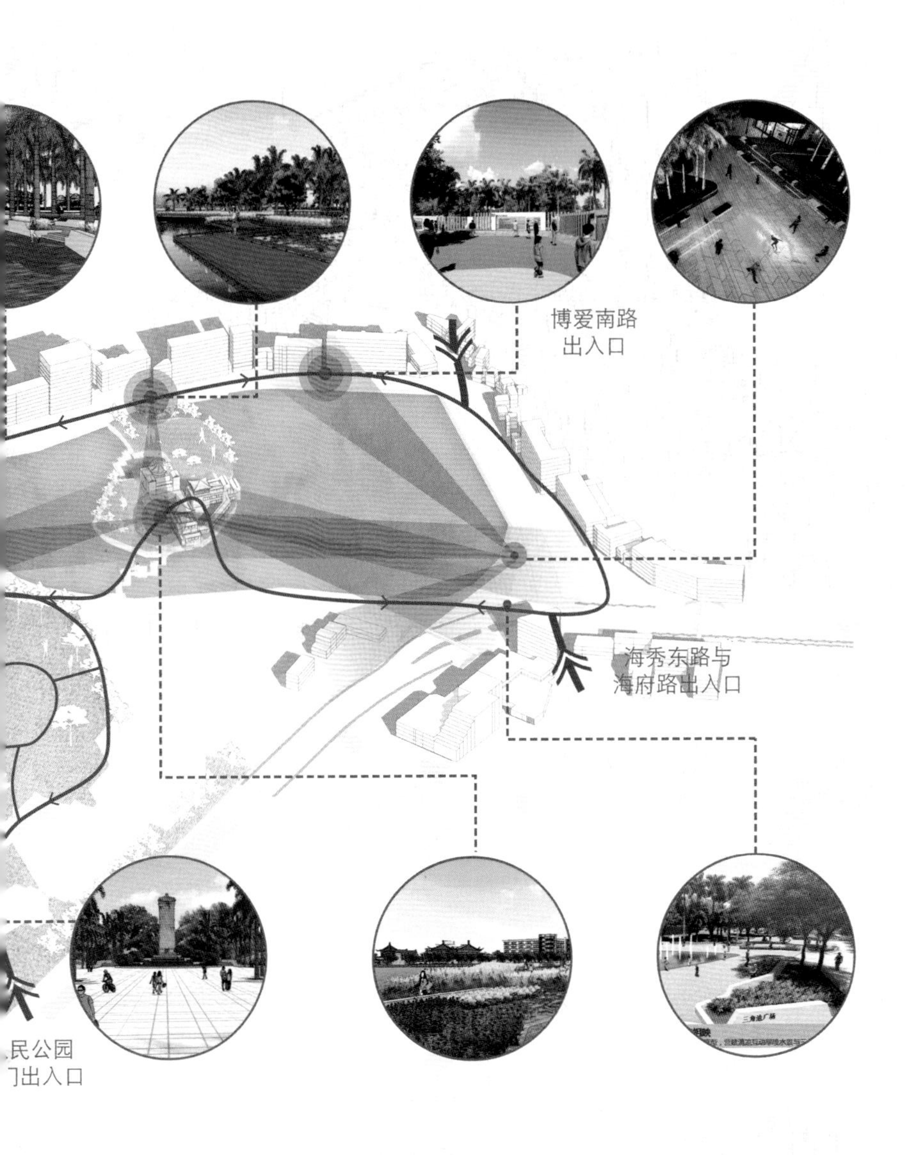

图 3-10　融通界面、贯通游线、连通视点

改造前滨湖步道线型过于简单直白，容易造成审美疲劳。景观规划设计充分研究步行者的行为特点，把人的心理活动规律与场所空间组织紧密结合起来，重点植入、组织入口广场、环湖步道、滨水栈道和观景平台三类要素，打造丰富的空间收放变化和韵律节奏，从而实现对漫步体系的人流引导、结构织补、功能完善、主题策划，继而构建一个可游可憩的滨湖公共空间系统。

入口广场是由城市街道进入一园两湖的过渡空间，位于人民公园东门外的新三角池广场就是一个典型的例子。原有大门主要考虑阻止电动车进入公园，因此采用了折线形的铸铁人行通道，形式简陋，有失美观。改造方案采用了开放自由的入口形式，石材造型搭配绿植景墙，很好地模糊了公园与城市之间原有的生硬边界，高差变化等细节处理巧妙地将电动车拒之门外。此外，新三角池广场等位于道路转角或主要人流汇集处的入口广场，硬化铺装与景观绿地的场地边界采用流畅顺滑的线型，配合大型乔木及景观小品的提示作用，强化人流引导作用。

通过对一园两湖使用者行为特征的观察和分析，近八成的市民活动集中在有限的几个节点空间之中，人员密集度高，停留时间长。在有关滨湖公共空间的调查问卷中，对于“使用者的视觉和心理感受”一项，“拥挤”是被频繁提及的关键词。究其原因，环湖步道没有交圈贯通，局部路面材料破损老化，照明及安全设施疏于维护，未能形成闭合的环湖步行动线。针对上述问题，沿东西湖岸线布置了系统连贯的环湖步道网，并配置人性化的休闲及功能设施；在保证设计风格与手法统一的前提下，不同区段在视觉主景、灯光照明、植物配置等多个方面突出特色的微差变化，营造丰富的视觉及心理体验，让人动起来，在行走之间发现一园两湖的多彩魅力；环境景观设计紧密结合场地条件，统筹谋划系列主题空间：西湖北岸为市井文化长卷，西湖南岸海口剧院周边段为生态文化走廊，东湖南岸段为宜居文化广场，东湖东岸则是城市记忆园区，东湖北岸为生态文化客厅。

滨水栈道和观景平台是市民亲水、赏景的重要空间形式，其选线和定位综合考虑了水岸高差、空间尺度等场地条件，以及视线组织、疏密间距、植种搭配等设计因素，使之成为滨湖漫步体系中的颜值担当和趣味节点。

（3）连通视点

在视觉界面体系的组织设计方案中，人的主观感受再次作为重点因素，给予特别的考虑。

首先是视觉界面的兼容性，即兼顾“看”与“被看”的关系。通过详细分析滨湖空间内人的行为特征，将活动密集的空间节点作为景观设计的重点，同时注意营造湖体方向观景视域范围内的亮点。

其次是视觉界面的丰富性，即观景视域范围内的各景观节点应保持主次相宜、相映成趣的构图关系。环东西湖岸线，对于视觉有着极强吸引力的主要景观节点，以及稍弱吸引力的次级节点，景观设计进行了综合分析、统筹考虑。城市记忆园区和市井文化广场等作为视觉主景重点打造，结合场地条件，穿插配置滨湖生态文化体验走廊、宜居文化广场等若干视觉次景。

最后是视觉界面的层次性，近、中、远景既相对独立，又互为映衬。以城市记忆园区内的岛头观景点为例，北向的视域范围内，滨湖街景及城市天际线构成远景，波光粼粼的湖面及对岸行道树、景观设施构成中景，而脚下的地被及滨水植物，形成色彩绚烂、尺度宜人的近景，给人以生动立体的视觉体验。

营夜景流光

针对三角池片区空间亮度不足、照明系统缺失等问题，在充分研究一园两湖空间环境特点的基础上，夜景照明设计紧密协同环境景观优化、建筑风貌整治、道路交通规范等专项工作，重构一个系统、人本、特色、节能的照明系统，如点点繁星，点亮三角池的城市夜空。

（1）系统考量

三角池片区的城市要素类型多样，环境空间形态复杂，夜景照明设计要综合考虑多方面因素。以东西湖岸线为例，它是三角池片区最为复杂的城市公共空间体系，场所主题上包括市井、宜居、生态等多种文化，空间类型上涵盖了点状平台、线性步道和面域广场等多样形式，视觉层次上讲究近、中、远景主次搭配，使用功能上涉及漫步、健身、观景、小憩等不同设施。照明设计围绕场所主题烘托环境氛围，根据空间类型配置光源形式，结合视觉层次调整色温色相，聚焦使用习惯安排灯具位置，从而构建了一个系统、完善、特色、人性的环湖照明体系。如西湖北岸的市井文化广场，照明设计方案采用投光灯凸显主题景墙，而滨水栈道及休闲步道的照明则考虑光带的渲染及引导。

（2）人本细节

照明光源的布置应安全、合理，并充分考虑与建筑物、景观植被、地面铺装等空间要素细节的巧妙结合，科学组织光线投射路径，形成漫反射效应，从而达到“只见光亮、不见光源”的照明效果。滨水栈道栏杆的照明设计方案，在扶手下暗装了 LED 光带，并通过节点构造处理做到对光源的彻底隐蔽，尽可能避免眩光现象对人造成的视线影响及安全隐患。

（3）特色渲染

个别标志性的重要节点空间，定制设计的光源产生的个性化光影效果，成为空间环境的特色亮点和视觉主景。人民公园东门内的迎宾步道，照明方案采用贴地侧面漫反射特型光源对射，在地面上形成了有韵律感的泛光光带，强化了空间的进深感和仪式感。三角池广场的大片椰林区域，则根据树木点位关系，在草坪中自由布置了若干照树灯，烘托自由、浪漫的热带自然风情。此外，环湖步道局部路段的发光混凝土路面以及LED游线指引光带等，都是类似的设计思路。

（4）绿色节能

灯具选型方案中，照明光源尽可能选用LED灯具等绿色产品，节点构造紧凑合理，整体布置疏密有致，既满足照明灯具安装空间的技术要求，又实现了营造空间个性氛围的艺术需求，同时最大限度地节约能源。

图3-11　三角池片区夜景设计方案

重整生态本底

作为海口中心城区稀缺的蓝绿空间，一园两湖素有“城市绿肺”“海口之眸”的美誉。多年来，城市高速、无序的发展建设使东西湖失去了自然水源补给，大量污染物长期淤积湖底，直排入湖的雨污水量早已突破湖体自净能力的上限，致使东西湖的生态弹性和韧性丧失殆尽。传统意义上依靠单一技术的专项治水模式无法从根本上解决问题，反复治反复臭。人民公园虽为中心城区最大的公园绿地和休闲场所，丰富的植被资源在净化大气污染、消减环境噪声、缓解热岛效应等方面效果显著，但水生动植物生存环境脆弱，生物多样性不显却是不争的事实。可以说，三角池片区的生态系统状况整体堪忧。

生态环境是包括人类在内的动植物赖以生存的特定空间，是自然环境的一部分。因此，东西湖水生态环境的治理和改善，要放在更大的空间范围内综合谋划、系统施治。此外，动植物与生态环境之间保持着相互影响、动态平衡的关系，共同构成有机统一的生态系统。因此，动植物群落的构建与东西湖水环境的治理是相辅相成的，且都是旨在重建城市与自然之间的平衡，最终使人与自然回归和谐的关系。这是三角池片区城市生态修复工作的基本认识。

在具体技术策略层面，生态修复工作采用自然修复和人工强化相结合的方式，既要恢复生态系统的自我调节功能，又要运用人工方式弥补自然机制的不足，重点修复生态系统的弹性和韧性，将城市开发活动给生态系统带来的干扰降到最小。此外，不同于城市边缘大尺度的郊野环境，中心城区的空间局促、容量有限、因素众多，生态修复工作应特别注重实效性，因地制宜地采取综合系统的适用技术和经济可行的工程措施，在自然与人工之间寻找平衡，才有可能实现综合效益的最大化和复合功能的协调性。

水体综合治理

水体治理工作将研究范围扩大至整个东西湖流域，通过控源截污、活水循环、自然净化、蓄排并举、源头控制五大量身定制的治水策略，改善水环境、修复水生态、保障水安全，还市民一个水清岸绿、鱼翔浅底的东西湖。

（1）控源截污

除了封堵沿岸现状生活污水直排管外，东西湖治水仍要解决两大污染源，即初期雨水面源污染和雨污混合水溢流污染。

海绵城市理念被广泛运用到三角池片区开放空间的改造设计之中，结合现状场地条件，广场、步道、绿地、驳岸等位置均增设下沉式绿地、透水铺装、雨水花园、植草沟等不同的海绵设施，共同构建自然积存、自然渗透、自然净化的城市海绵体系统。雨水经地表径流收集至海绵设施蓄存、净化后，优先考虑利用自然重力流入东西湖内，从而有效控制初期雨水径流和面源污染。

对于雨污混合水溢流污染的控制，是摆在项目技术团队面前的最大难题。东西湖上游方向海府路沿线，原有的排水系统均为雨污合流式，雨天大量混合了生活污水的雨水排入东西湖，是湖水水质恶化的主要原因之一。如果把湖体看成一个硕大的水族箱，而保持水质清澈的主要措施就是水体循环净化，这也是雨污混合水溢流污染控制的基本思路。

根据专业测算，降水量在13毫米及以下的中小强度降雨，其产生的雨污混合水污染物浓度最高。管网规划设计在博爱南路雨污合流溢流口处设置钢坝闸和截污管，中小强度降雨产生的雨污混合水，经钢坝闸拦截至大同沟截污管道，经市政管网输送至市政污水厂处理。降水量在13毫米至30毫米区间的中大强度降雨，其产生的中等污染浓度的雨污混合水溢流入湖。对于近排水口的湖区一定范围内造成的水体污染，待降雨天气结束后，经一体化处理设备循环净化后，可恢复日常水质标准。而对于降水量超过30毫米的高强降雨，污染浓度最高的雨污混合水部分在降雨过程前期已通过市政管网排走，不存在污染问题。

（2）活水循环

自南渡江经由美舍河向东西湖引水，补给的水源易受海潮影响，水质盐度变化大，对湖体原有的淡水生态系统影响较大。因此，水源补给方案尽可能降低外调水比例，通过增设一体化水质净化设备，重点加强东西湖水体的自净能力。按照管网设备方案，一体化设备日污水处理能力为2万立方米，东西湖日常库容约为7万立方米，也就是说，通过一体化设备的循环处理，不到4天时间即可完成一轮湖水整体交换过程。

（3）自然净化

参照自然系统模式，引入适当的人工干预措施，构建由一体化净水设备、人工潜流湿地、沉水植物种植区组成的水体净化系统，有效增强东西湖水体的自净能力，同时注意预留应对突发污染事件能力的弹性空间。具体来讲，降雨天气过后，通过泵站收集近排水口受到一定程度污染的湖水，经由一体化设备处理后，再经管道送回至潜流湿地，通过湿地内填料过滤、植物吸收、微生物吸附等作用二次净化后，从人工潜流湿地外围的木桩处溢流入湖。

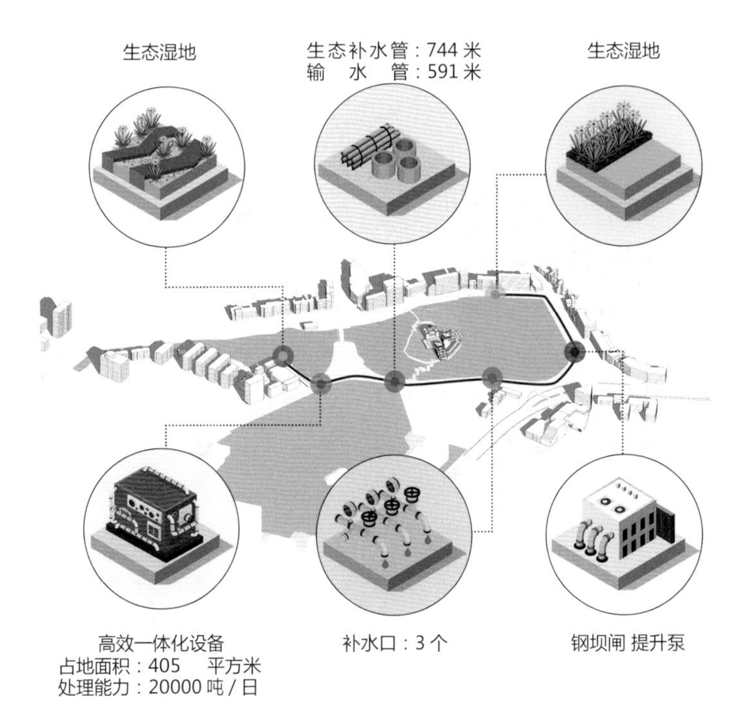

图 3-12　东西湖治水系统示意图

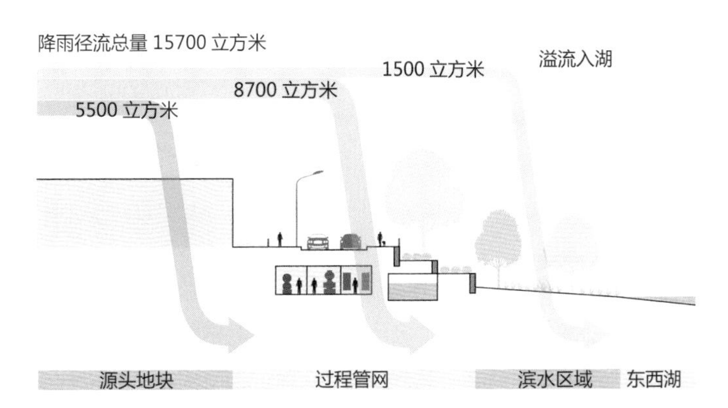

图 3-13　东西湖流域 80% 频次的降雨径流量控制示意图

（4）蓄排并举

按照传统治水思路，东西湖采用大量换水的方式稀释污染物、消减湖水臭味，由此造成日常水位过高，湖体原有的调蓄空间被占用，雨洪调蓄能力骤减。在保证维持正常水质的湖体库容的前提下，规划设计将主湖区的水位调低了50厘米，从而腾出了近4万立方米的调蓄空间。此外，通过在东西湖流域下游入海口处规划建设排涝泵站，采用蓄排并举的方式，有效缓解三角池片区内涝积水问题。

（5）流域控制

除了上述针对水源和水体的治理措施外，规划设计还拟定了东西湖流域范围内城市海绵建设和清污分流改造工程等相关工作方案。首先是逐步推进落实居住小区、商业街区、公园绿地的海绵化改造工程，削减雨水径流污染。其次是组织现状污水主干管网的检测工作，及时发现管道破损的情况并及时进行维修。最后，建立管道错接错排问题的长期排查机制，持续完善雨、污水管网，最终实现清污分流。

通过海绵建设、管网维护、末端排查等多种措施，将目前控制雨污混合水不溢流入湖的降雨量从13毫米提高至22毫米。也就是说，一年中八成的降雨天气产生的雨污混合水都不会排入湖中，长效提升了东西湖流域水环境。

图3-14　自然有机、多样合宜的水生态环境

复苏生境

设计要以自然为美，“生态修复需要超越单纯的工程技术思维，超越绿化美化的习惯思维”，精心构建自然、有机、多样、合宜的城市生态安全格局。

（1）软化岸线

东西湖原有驳岸为直立式的毛石墙体，人工痕迹明显，不仅阻隔了湖岸上下的生态系统交互，也缺乏自然之美。岸线改造方案根据现状场地情况灵活处理，在水岸高差较小的区段，将原有毛石硬质驳岸改造为草坡入水的生态驳岸；水岸高差较大的区段则增设不同标高的观景平台、滨水栈道，外侧近水面处配以潜流湿地及水生植物。

（2）丰富种群

针对东西湖生态系统脆弱、生物多样性差等问题，景观设计充分结合不同区段岸线的空间条件，构建湿地、浅滩、深潭、岛屿等生态弹性区域，打破了蓝绿空间平直、生硬的原有界面，延长了湖岸湿周，增加了水体、土壤、植物、微生物的接触面，陆生乔木—自然草坡—潜流湿地—沉水植物的演替序列由此构建起来，形成丰富多样的动植物栖息环境。

人工潜流湿地的介入就是一个典型的例子。在滨湖空间相对开阔的岸线区段增设潜流湿地，剖面形式为梯级跌落状，内部簇团式散落种植美人蕉、鸢尾、睡莲、水菜花、芦苇、菖蒲等水生、湿生植物。其过滤层由高至低分别为滤水砾石层、滤沙层、土壤层等，经过初级净化的湖水被输送至潜流湿地顶部，在重力作用下依次流经不同标高的过滤层，结合生物作用过程对水体进行层层过滤和净化。更为重要的是，近岸的潜水区域、湿地环境以及生长于此的水生植物，是鸟类、鱼类、青蛙、昆虫等多种动物的栖息场所，对于生物多样性的营造至关重要。

（3）增加绿量

在保证环湖开放空间应有的游憩功能的前提下，尽可能提高植被覆盖度，强化微气候调节机能，维持碳氧基本平衡。补种植物的选择首先考虑对场地原有植被群落结构的顺应，与现状植物有机融合。此外，少量引入新物种，完善原有植物群落结构，优化湖岸林冠线。

图 3-15 岸线软化方案中丰富的植物演替序列

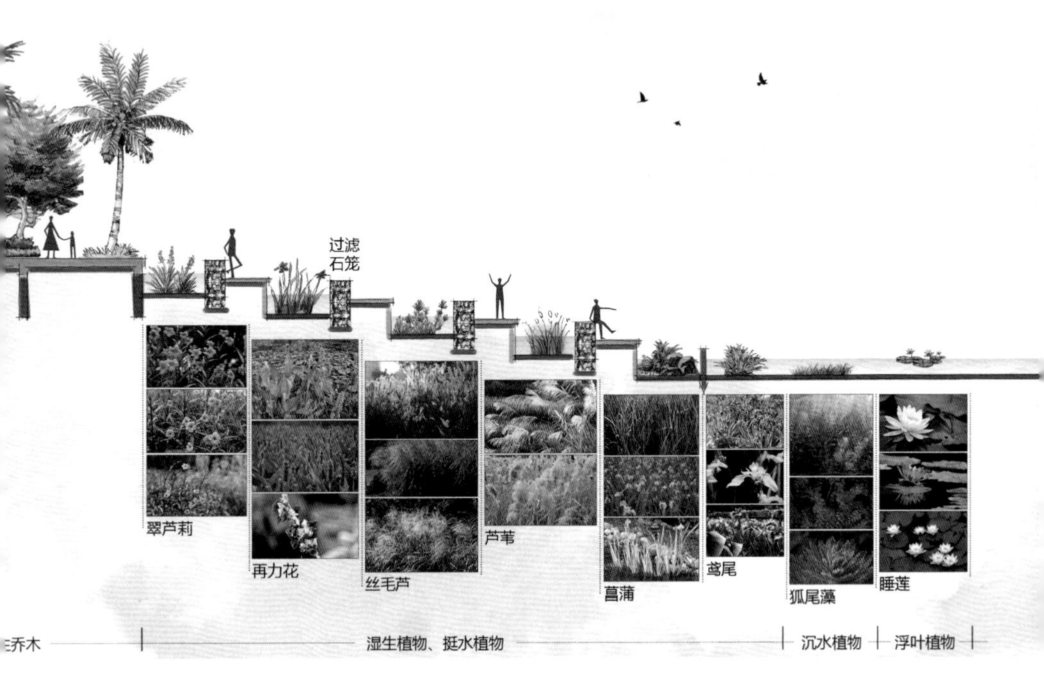

重织交通网络

简而言之，交通道路规划设计主要关注人、车、路这三个基本要素。而传统的道路空间资源分配理念多是以“车”为先，对于“人”的要素一直以来缺乏关注，导致权重分配失衡等一系列“路”的问题。

围绕上述三个要素，“路”的问题，要跳脱出局部节点和专业局限，系统思考、综合管治；对于“人”，相比于城市其他片区，三角池所在的中心城区更加需要安全、便利的人性化交通环境，因此要精细化设计慢行系统；对于“车”，要提高空间利用效率，降低机动化交通占用的道路空间资源，从而实现人、车、路三者之间的地位平等、权益均衡，这是三角池片区交通道路规划设计的基本价值判断。

平衡路权

道路交通的改善，应从片区整体层面系统诊断，再解决节点局部的个案问题，从而保证片区与节点顺畅衔接，整体与局部的统筹协调。规划设计从梳理三角池片区在城市中承担的交通职能出发，继而通过中心城区的路网结构优化及系统整治策略，全方位解决三角池片区的路权失衡问题。

（1）绿色出行

从中心城区范围的路网规划来看，远期纵贯海甸岛、骑楼街区、大英山 CBD 一线的五条交通大动脉为：人民路—博爱路—新华路—五指山路、大同路—大英西四路、和平路—五指山路、龙昆北路、白龙北路，就道路的机动车通行能力而言，自三角池向外依次增强。龙昆北路、白龙北路未来主要承担过境交通流量，在外部车辆进入中心城区前完成过境交通分流。

大同路—大英西四路、和平路—五指山路未来主要是市内交通的通行廊道，主要承担着中心城区内部机动车的通行职能。

大部分交通流量在进入三角池片区前已经被外围路网疏解，因此，未来三角池片区内的机动车通过能力将会逐步弱化，从而有条件向非机动车、轨道交通等绿色交通为主的出行模式转变。另外，通过提升慢行交通的出行品质，改善市民出行模式，提高绿色出行比例，以减轻三角池片区的机动交通压力。

中心城区的路网结构及通行职能优化设想

（2）慢行优先

围绕保证慢行交通在道路空间资源分配方面的优先权，除了上述弱化中心城区对机动交通的吸引、减少过境交通流量的区域路网优化措施之外，规划设计对机动车停车系统、公交系统及慢行系统进行了重点优化。

交通规划团队对三角池片区内机动车停车系统进行了细致的摸底排查和挖潜提升工作，清理部分占用慢行空间的机动车泊位，启用闲置多年的人民公园地下停车场，完善升级了其中的立体停车设备，有效缓解附近社区居民日常停车的需求缺口。此外，对部分停车场出入口形式进行了重点优化，尽量降低车辆驶入市政道路时对交通流速和流量造成的扰动。公交系统方面，针对市民投诉的改造前博爱南路公交车站路段存在的交通拥堵问题，综合分析临近地块的使用性质及其出入口和站台的方位关系，适当调整了车站位置；结合海府路—博爱南路—海秀东路交叉口的改造，微调了海秀东路公交站的位置，并对停靠港湾进行了标准化升级改造，公交站台的选型也根据环境特征变得更加轻盈通透，主色调由之前的银白色调整为草绿色，同时增加了候车座椅，优化了乘客候车条件。最后，拓宽道路断面，增加慢行通行空间；在部分路段及交叉口增加了交通工程设施，保障慢行出行安全，并结合环境景观设计对慢行空间的环境品质予以全面提升。

整合空间

在不降低道路机动车交通通行效能的前提下，提高空间使用效率，将现状道路中相当数量的低效、甚至是无效的空间资源整合起来，再向步行及非机动车交通适度倾斜。博爱南路—海秀东路—海府路交叉口的改造升级就是一个典型的例子，设计方案通过缩小路口规模，整合现状低效的空间资源，增加慢行空间及人性化设施，维护步行者和骑行者的权益。

图 3-17　三角池路口静态交通优化方案

图 3-18　三角池路口人行及非机动车交通优化方案

（1）集约规模

现状博爱南路—海秀东路—海府路交叉口存在相当比例的低效、无效空间，大而无当。针对这一问题，路口改造方案将原有三叉异形路口变为规矩的丁字路口，从而大幅缩减了空间尺度，缩短了行人及非机动车的过街距离。另外，在道路节点处采用较小的转弯半径，有效降低机动车转弯车速，减小其对慢行交通的侵扰，保障行人及自行车的交通安全。

（2）人性配置

路口改造方案对边角料空间整合后，空间资源再分配时强调“以人为本”，将更多的空间资源还给城市、还给行人，新三角池广场便是这样一个从原来的道路空间中挤压、腾退出来的城市广场，位于人民公园东门外，丁字路口的西北角。广场设计方案以特色铺装为主，流线形景墙围合的种植池划分了若干主题空间，配以椰树、三角梅等不同层次的植物，塑造一个特色鲜明、简洁大方的城市公共空间。靠近东湖的一侧视线良好，布置林荫廊架和休息座椅，又是一个临水纳凉、眺望湖景的休憩游赏场所。

此外，针对现状高峰时段非机动车等候空间严重不足的问题，拓展路口处的非机动车等候区，提高非机动车的通行效率。同时优化行人过街方案，在保留现状交叉口两侧过街天桥的基础上，增加人行斑马线及二次过街设施。

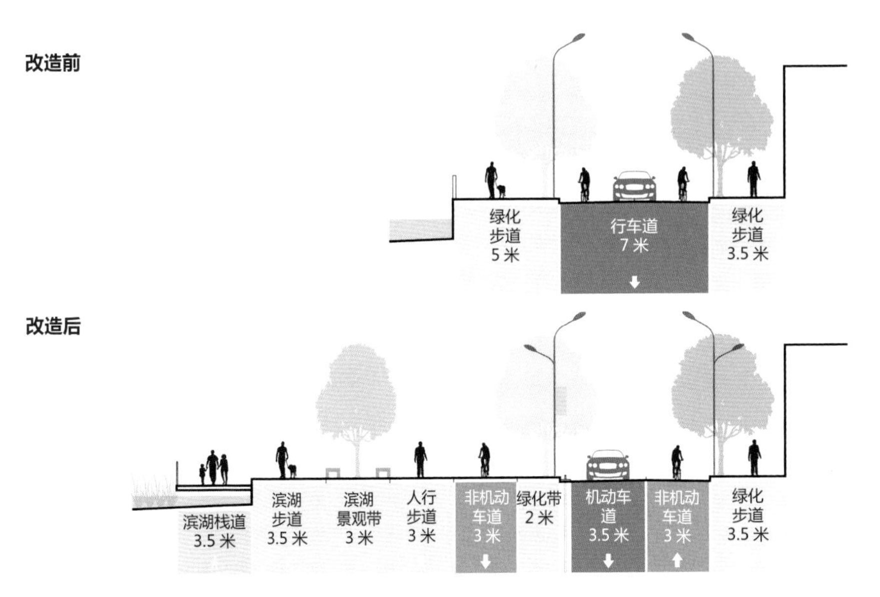

图 3-19 东湖路改造前后断面对比示意图

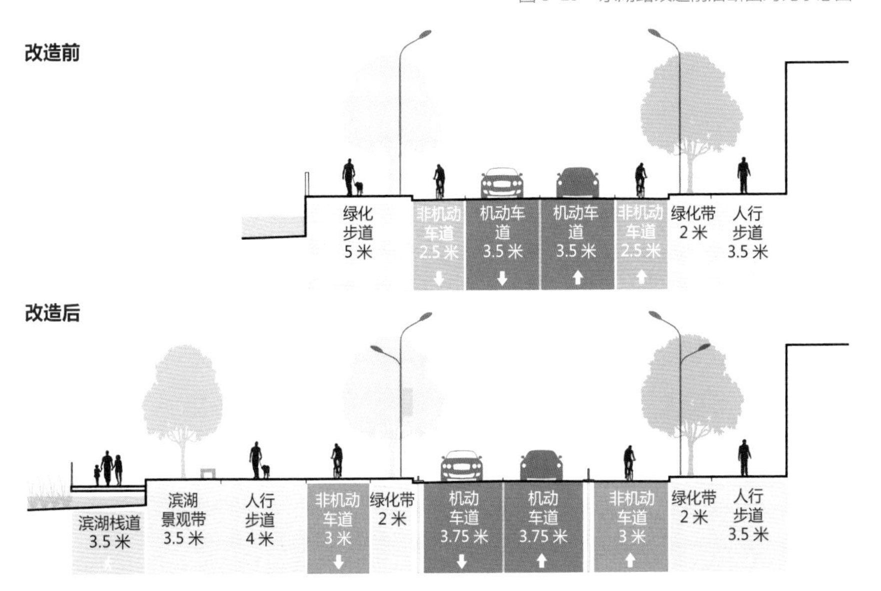

图 3-20 博爱南路改造前后断面对比示意图

完整街道

“完整街道”的概念认为，除了满足机动、非机动交通和步行者通行的基本需求外，作为重要的城市公共空间类型之一，街道空间还应满足使用者交往、游憩、观景等高级需求。相应的，围合街道空间的路面、建筑等界面要素，支持人的活动的设施要素，装点市容市貌的景观要素等，都要“以人为本”，一切从人的需求出发，通过精细化设计来统筹考虑、均衡协调，以此实现安全、绿色、高品质的交通出行，重新找回街道空间对城市公共生活的重要价值。

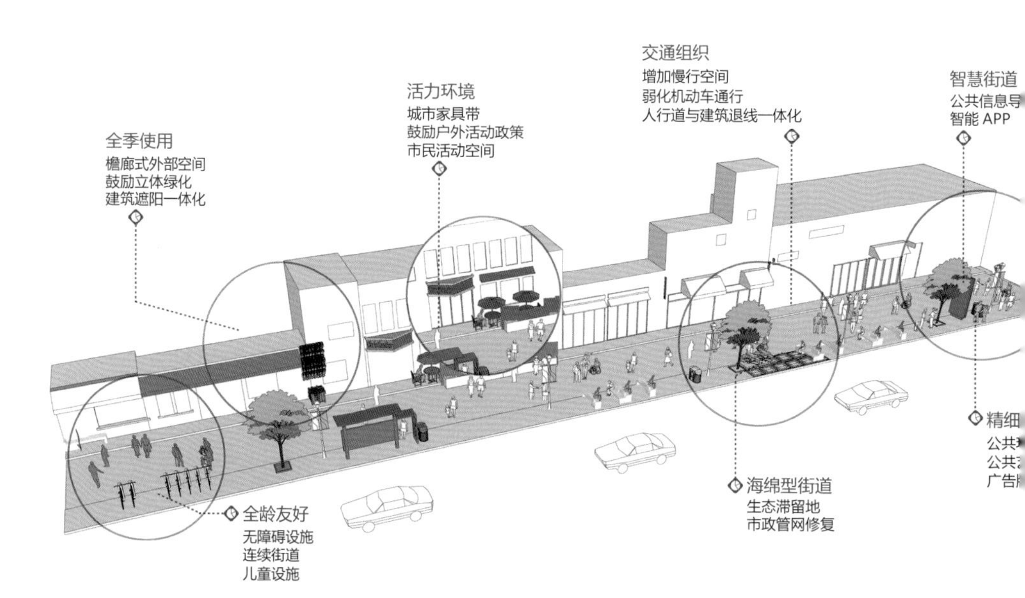

图 3-21 “完整街道”设计理念

（1）专业联动

基于“完整街道”的核心理念，街道空间的改造设计着眼于提升对慢行交通出行者的吸引力，除了应确保其出行空间的独立性，还应将与人的感觉关系密切的要素，如道路路面、景观绿化、建筑界面等，进行联动设计、协调改善。

现状东湖路及博爱南路均为机非混行道路，由于其红线宽度有限，慢行交通的安全和效率均难以得到保障。交通提升与驳岸改造方案设计紧密配合、无缝衔接，借用部分岸线空间，设置独立的人行道及非机动车道，并于人行道临近水面一侧设置滨水平台和栈道，丰富步行者在行进过程中的感官体验。同时，通过彩色沥青路面与机非隔离带组合方案，明确非机动车辆的通行空间及路权，机、非、人各行其道，秩序井然。

（2）人本细节

交通安全和感官体验是慢行出行者最为关注的两个道路品质评价指标，围绕这两个指标，道路改造及交通整治方案有针对性地精耕人性化细节。

道路改造方案中，通过施划行人过街斑马线、设置行人二次过街安全岛、增加慢行信号灯时长等措施，保护非机动车及行人过街安全。鉴于海口四季降水充沛的特点，人行道及非机动车道的铺装选择透水材料，防止路面积水，提升阴雨天气下的慢行出行品质。此外，通过完善机非隔离设施、设置阻车桩、加强道路日常管理等手段，防止占用人行道、自行车道停放机动车辆的违章行为；在设施带内及行道树之间施划自行车停车区，引导市民文明停车，最大限度地杜绝非法占道行为。

重铸文化认同

重新铸就城市的文化认同，增强文化自信自尊，对外树立形象，对内凝聚人心，是新时代“双修”工作无法回避的历史使命。中心城区是承载海口城市记忆与文化的重要场所空间，随着时间的流逝、城市建设的快速发展，以及百姓生活方式的转变，三角池特有的城市记忆日渐黯淡，文化认同不断衰弱。特殊的场所空间是城市记忆与文化赖以依存的物质载体，因此重铸文化认同从场所空间入手，策划“最海口”文化体验路线。这条体验之路串联多个主题记忆场所，重现三角池的市井文化；同时，规划设计方案依托蓝绿生态本底，关注新时代人民日益增长的美好生活需要，展现三角池的生态文化与宜居文化。

市井文化

每一座城市都有自己的文化个性，在规划设计中应该得到充分的尊重，并从中汲取灵感和营养。在对三角池的市井文化资源深入挖掘、整理的基础上，规划设计精心选取了“三角池”“闯海墙”“老爸茶”“玉兰号”“花街市集”等一系列“最海口”的文化主题。其次，充分结合三角池片区的历史沿革和一园两湖的环境特征，赋予每个空间节点以特定的主题，从而串联起一条“最海口”文化体验之路。另外，不同的主题空间侧重于提供不同的感官体验，通过激发人的听觉、视觉、触觉、味觉与嗅觉的感官记忆，以唤起大家对“最海口”市井文化的内在认同。

（1）新三角池

“新三角池广场”当之无愧地成为“最海口”文化体验路线的第一站，项目技术团队深入研究了这一原先位于博爱南路—海秀东路—海府路交叉口中心的三角形水池的历史沿革，以其最初的形状为原型，在人民公园东门外设置清凉互动水景与三角梅花境组成的“新三角池广场”。通过场地铺装和微地形变化，广场设计方案以现代景观手法异地重现一座可观、可触、可互动的“新三角池”。此外，通过小品布置、植物搭配和夜景烘托等多种手段，实现休闲广场与繁忙路口的“软隔离”，从而闹中取静，界定了一个城市的记忆空间。

（2）望海纪园

沿着东湖湖岸向北前行，不远即是“望海纪园”，当年许多“闯海人”怀揣希望到海口闯荡生计的精彩故事，就是从矗立在这里的“闯海墙”开始的。设计方案以游园的形式重拾场地残存的记忆片段，回溯十万人才下海南的激情岁月，向海南建省办经济特区30年来的发展成就致敬。整个园区分为三个主题空间，由北至南分别为“序章：建省之初”“发展：闯海记忆”“高潮：美好新海南”，最后通过漫步道自然顺接至新三角池广场。在“高潮：美好新海南”部分，广场方案以“坚如磐石，百年梦想”为构思，以纪念墙的形式集中表现了海南建省办经济特区的成就和记忆。30块基石，代表着海南30年艰苦奋斗的发展历程，坚如磐石；100根石柱，寓意坚持敢为人先的特区精神，为实现中华民族伟大复兴的百年梦，砥砺前行。简洁凝练的造型，营造了一个可追忆、可静思、可观景的历史长卷和精神殿堂。

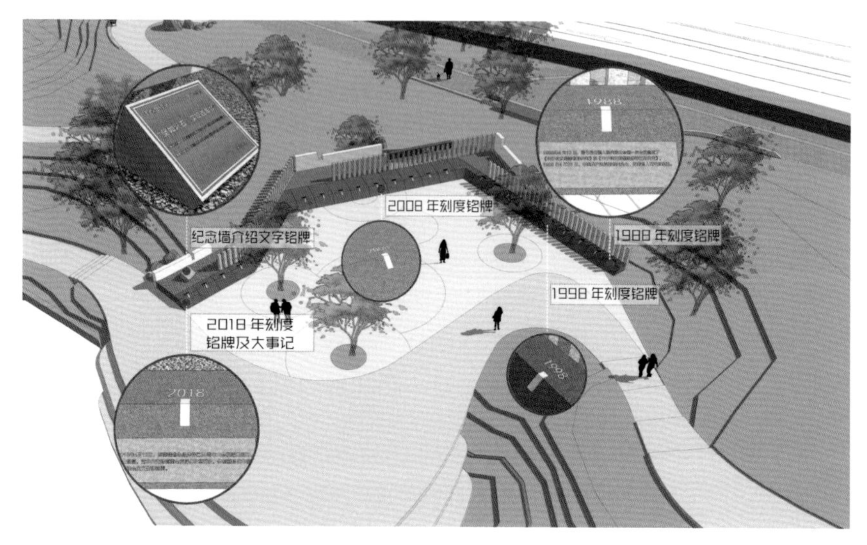

图 3-22　纪念墙设计方案

纪念墙基石采用花岗岩石材，嵌钢板数字象征时间历程；规则排列的 100 根整石花岗岩石柱，既营造出庄重、规矩、稳定的纪念性场所氛围，又避免了实体墙的封闭感和压抑感，与周边景观环境融为一体。

（3）老爸茶馆

作为日常最重要的休闲和社交活动，吃老爸茶在每一位老海口的心目中都有着不可或缺的一席之地。或三、五老友不约而同茶店相聚，茶桌旁海阔天空、家长里短；或一人独坐一隅，读书报、看“彩纸”、发闲呆，慵懒地享受慢生活，都是老爸茶馆中寻常的市井百态。因此，“最海口”文化体验之路的第三站为东湖路与博爱南路交口处的“老爸树屋茶馆”，拟将现状三层违建拆除后，充分利用临街店面空间和屋顶平台，功能业态策划为茶店，为附近居民和外地游客提供慢餐茶歇服务。坐在屋顶平台上远眺东湖，头顶是郁郁葱葱的榕树枝冠，端上一杯热茶，也许才能真正理解什么是“最海口”的慢生活。

（4）玉兰驿站

人民公园北门外的“玉兰驿站广场”，是一个集美味与花香的活力空间。海南鸡饭店是这里小有名气的老字号，而门前的空地则长期被随意停放的汽车侵占。广场改造方案的灵感来自当年闯海人最为熟悉的“玉兰号”轮渡。平面布局将抽象的玉兰花作为设计原型，以简洁流畅的线条划分出不同的功能区域，结合绿地形态布置五组花瓣状休息座椅。座椅的细部处理，参考了20世纪90年代广州海运局发行的“玉兰号”老船票的设计纹样，带着人们回到当年海峡间穿梭漂泊的过往时光。

（5）怀旧集市

走过公园的五孔桥，沿着西湖南岸漫步，不远处即是公园路的“花街怀旧市集”。这里曾是海口知名的花卉市场和古玩市场，特别是现在的黄花梨一条街，在海口本地人的市井地图中有很高的认同度。但是业态单一，管理滞后，同质化竞争严重；特色缺失，观念落后，经营情况萧条，却是不争的事实。策划方案依托于公园路的尽端道路空间条件，打造每周末的“花街怀旧集市”，着重加强商业活动中人的体验感与参与感。在趣味互动区，人们可以把玩、挑选各色民间老物件，也有机会聆听民俗专家的市井文化讲座；在特色美食区，又可以品尝到海南粉、椰子盅、清补凉等最具海口特色的小吃。特色的购物体验，地道的美食体验，难忘的文化体验，再加上穿插于其中的街头艺术家的即兴表演，花街怀旧市集让身处城市生活快节奏里的人们有机会淘宝贝、学知识、品美食、看表演，全方位体验市井文化的魅力。

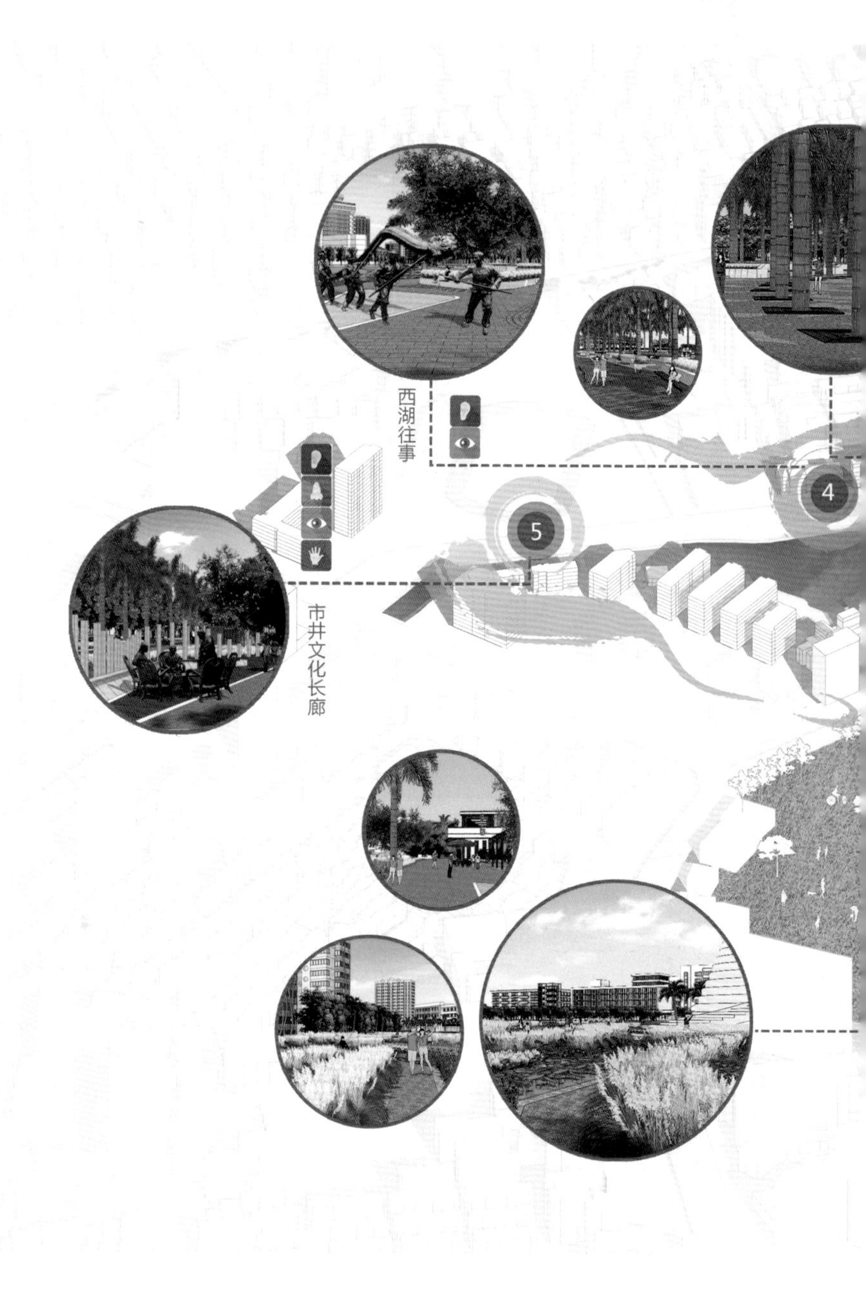
西湖往事
5
4
市井文化长廊

图 3-23　“最海口”文化体验路线

生态文化

一园两湖的蓝绿空间是三角池独特的资源禀赋，也是中心城区的生命绿岛和清凉之源。通过多举并治，修复东西湖和人民公园的生态环境，只是重整生态本底的第一步。此外，将生态修复的过程与城市开放空间、公共活动网络的构建融合起来，营造更多满足老百姓日常生活迫切需要的空间场所，使城市生活更方便、更舒心、更健康。最后，以形象生动、浅显易懂的方式，向市民建立城市生态过程的科学认识，继而回归绿色的城市生活，才能实现经济、社会的可持续发展。

西湖南岸海口剧院周边段为生态文化走廊，既是生态修复的滨湖景观设施，又是生态修复的市民体验空间。规划设计应用潜流净化、植物净化等多种生态净水方式，同时通过步道将人的活动引入潜流湿地和植物丛中，从而有机会近距离观察到水体治理的各种生态机理与过程。人与环境在这里充分互动，打造了寻常百姓的生态体验平台和科普教育窗口，让市民了解生态原理，更加珍惜、爱护生态环境，最终借力海口的生态本底优势，打造城市的生态文化名片。

宜居文化

除了上述市井文化、生态文化的主题空间外，规划设计将东湖南岸策划为宜居文化主题区。通过对本地市民、外地游客的心理感受和行为习惯的分析，环境景观设计重点围绕三个“感觉”深入刻画，满足人的休闲游憩的使用需求，提供愉悦身心的空间环境。

第一个是“脚下的感觉”，即强调地面铺装在触觉上的精致细腻感与视觉上的和谐舒适感。滨湖公共空间的铺装方案涉及菠萝格防腐木、透水混凝土、天然石材等多种材料，对于每种材料以及材料间的拼接方式、色彩肌理、夜景效果等方面，都进行了细致的方案推敲和比选工作。

第二个是“眼前的感觉”，重视视野范围内景观植被的层次感和色彩气味的丰富性。通过保留滨湖岸线的现状大型乔木，整理灌木空间，打开视线界面，形成以大树浓荫、花海草坡为近景，以近岸水草、荷花睡莲为中景，以湖面涟漪、树影婆娑为远景的丰富层次。另外，重要空间节点通过不同的植株和植种搭配，形成花草树木五彩缤纷、芳香四溢的鲜活体验。

第三个是“手边的感觉”，重视公共设施的人本细节。方案设计考虑不同人群多样化的使用要求和个性化的行为习惯，在最适合的位置布置休憩座椅、扶手栏杆、景观小品等公共设施。细部设计同样注重人的触觉与视觉感受，城市家具多以木质、石材为主，避免晴天暴晒表面温度过高和雨天积水潮湿，舒适、便捷、易维护，与自然环境融为一体。

“最海口”文化

“最海口”文化体验路线的最后一站是湖心岛，是基于岛上原有建筑的改造再利用，通过植入一系列面向城市、服务百姓的功能，集中展示海口的市井文化、生态文化和宜居文化的“最海口文化体验馆”。如果说传统意义上空间环境的更新改造是“规定动作”的话，那么场所价值的延续发掘就是“加分动作”，也是激发城市归属感和认同感的“关键动作”。湖心岛建筑群由陈年烂尾楼向“最海口文化体验馆”的华丽蝶变，就是一个典型的例子。

（1）去留之争

湖心岛建筑群建于20世纪80年代，由地上的北、东、南楼三栋建筑及地下室组成，最初的业态定位为高档宾馆，住宿、餐饮、娱乐、商务等功能空间一应俱全，由于种种原因，30年来一直处于荒废的状态，从未投入使用。

湖心岛建筑群采用分散式园林布局，建筑风格为明清仿古样式，形体变化丰富，加上岛上长势茂盛的植被，环湖各处都能看到绿树掩映下错落有致的亭台楼榭。不管是附近的街坊邻居还是当年的“闯海人”，东湖上的这处独特景致是承载集体记忆、激发认同感的一个文化符号，30年来从未变过。然而，现实中湖心岛建筑群也仅仅是一个“中看不中用”的符号，很多实际的问题无法回避：多数房间长期闲置，其他则作为杂物仓库；缺乏必要的维护，部分屋顶和墙体已经失稳、坍塌，地下室长期泡水腐蚀，经专业机构鉴定和评估，整体结构安全性为C级，屋顶等结构构件为D级，已无法满足正常使用要求。

围绕湖心岛建筑群去或留的问题，在项目整体计划安排异常紧张的情况下，方案仍经历了多轮反复。在重点参考项目技术团队提出的综合建议后，海口市委、市政府最终决定保留原有建筑，花大力气进行加固、改造、再利用，这实际上是对于场所价值的认识水平不断提升的过程。“一个城市应该能够让人们看到它成长的过程，就像我们每个人一生会拍很多照片记录成长的过程一样，每一段都有它的价值。如果把历史上形成的、现在觉得过时的建筑都拆掉，就好比是把小时候的照片都撕掉。”湖心岛上的这组老建筑，就是三角池“小时候”的照片，值得珍惜、爱护。

（2）有无之别

湖心岛所承载的场所价值不应只是孤立于湖心的一组地标形象，或是人们脑海中的一个情感羁绊。这些抽象的、无形的场所价值固然重要，但

图 3-24 湖心岛建筑群更新改造前长期处于荒废状态

重新谋划湖心岛的功能定位，使人真正使用建筑空间、感受环境氛围、参与活动交流，与老百姓的日常生活建立看得见、摸得着的联系，发掘并拓展其场所价值，在项目技术团队看来，是更具建设意义的一个方向。

考虑到湖心岛周边交通条件不力、环境承载力有限、建筑空间局促等方面的制约因素，功能策划方案充分考虑示范价值、宣传效应和协同互补的原则，避免设置设施繁复、人流密集型功能。通过市民问卷调查和多轮策划方案比选，在“最海口文化体验馆”的总体定位下，功能内容最终锁定“闯海精神传承、人才服务交流、休闲文化生活”三个板块。具体来讲，北楼为“精英堂”人才中心，东楼为“闯海魂”记忆厅，南楼为市井文化茶馆，而位于整个建筑群中心位置的三合院为多元舞台广场。

北楼室内空间方整、开阔，适合有大空间需求的“精英堂”人才中心，为高级人才提供优质的就业信息服务。一层为服务大厅，北部是业务办理区，采用开敞式办公，南部为业务等候区，两侧是信息查询区，配有电子显示屏，实时滚动播放相关信息。二层为办公空间，相应配置会议室、洽谈室，南侧为室外屋顶花园。三层原有八角亭改造后成为一个可容纳45人的多功能厅，屋顶平台上可凭栏眺望湖景，是举办小型沙龙、会议的理想场地。

图3-25　更新改造后的湖心岛总平面图

北楼、东楼和南楼围合的院落空间为多元舞台广场，同时作为人才、展演和休闲功能板块的仪式性入口广场。北楼和东楼半围合的功能性入口广场，服务于人才和展演功能板块。整个湖心岛的东北部分重新组织、布置了车行道路和访客车位。

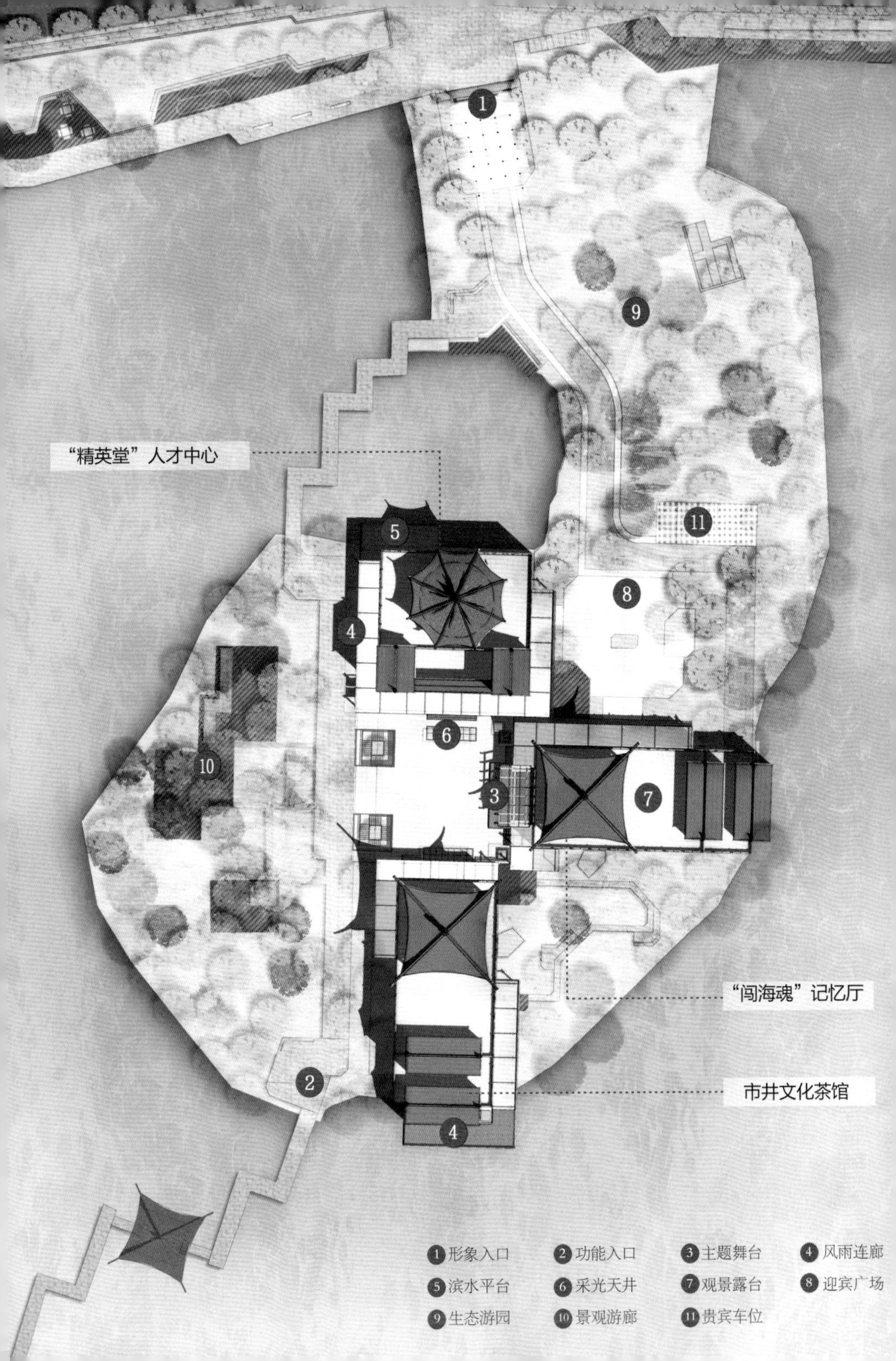
"精英堂"人才中心
"闯海魂"记忆厅
市井文化茶馆
1 形象入口
2 功能入口
3 主题舞台
4 风雨连廊
5 滨水平台
6 采光天井
7 观景露台
8 迎宾广场
9 生态游园
10 景观游廊
11 贵宾车位

位于东西向轴线上的东楼，改造后主要功能为“闯海魂”记忆厅，重点展示10万人才闯海南的奋斗历程，同时兼顾社区新貌、本土风情等多元主题的文化展陈功能。一层作为临展展厅，整体风格简约朴实，色彩以黑、白、灰为基调，空间布局满足灵活多样的展陈主题。二层空间相对独立，便于管理，因此固定展示“闯海”主题的相关内容，除了展台、展板这样的传统展示方式，还专设了一个多媒体互动区。在这里，循环播放的历史影像资料被投射在白色展板上，观众可以坐下来欣赏，小憩片刻；还可以操作多媒体触屏实现人机互动，相应的信息和影像被投影在面前的黑色大理石地面上，观众可以进一步了解闯海人与三角池的逸闻趣事，更具参与感和趣味性。

南楼为框架结构，改造方案将原有客房隔墙拆除，相对自由的大空间做为市井文化茶馆。东西侧墙面开落地窗，湖景、园景和城景尽收眼底。一层为开敞茶室，室内空间延续了黑白灰的基调，局部点缀木色；开敞的茶座采用纱帘做隔断，纹理图案为中式泼墨山水，在光影和微风的作用下，亦虚亦实，营造了静心雅致的环境氛围。二层巧妙运用原有客房小空间，靠窗两侧装修成茶室包间，中间区域提供茶道教学互动、古筝演奏等多元茶艺文化互动体验区，最南端面向湖面的开敞灰空间则作为观景休息区。位于建筑顶层的亭台楼阁改造为多功能休闲空间，可举行小型会议、商务洽谈、家庭聚会等。

图3-26　湖心岛建筑群更新改造措施示意图

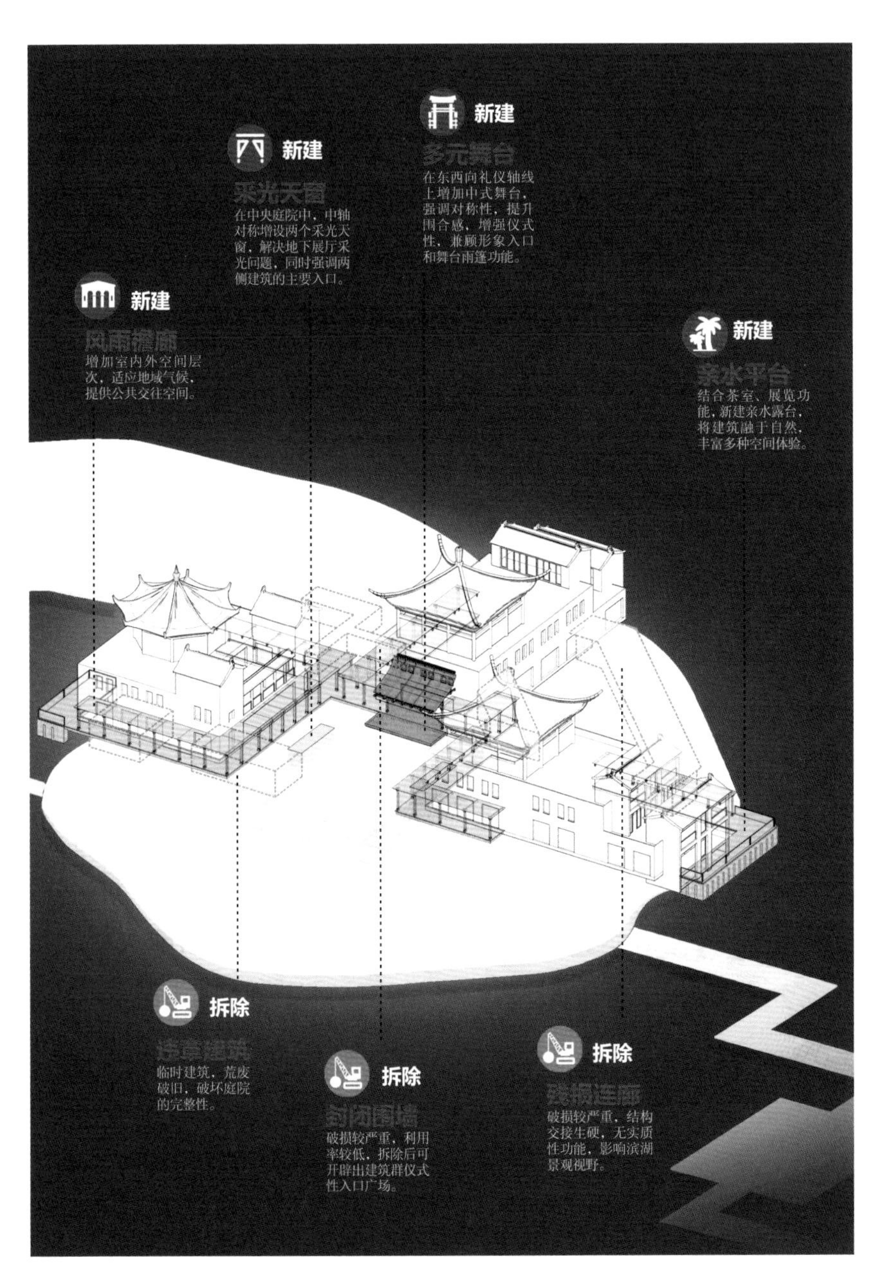
新建
采光天窗
在中央庭院中，中轴对称增设两个采光天窗，解决地下展厅采光问题，同时强调两侧建筑的主要入口。
新建
多元舞台
在东西向礼仪轴线上增加中式舞台，强调对称性，提升围合感，增强仪式性，兼顾形象入口和舞台雨篷功能。
新建
风雨檐廊
增加室内外空间层次，适应地域气候，提供公共交往空间。
新建
亲水平台
结合茶室、展览功能，新建亲水露台，将建筑融于自然，丰富多种空间体验。
拆除
违章建筑
临时建筑、荒废破旧，破坏庭院的完整性。
拆除
封闭围墙
破损较严重，利用率较低，拆除后可开辟出建筑群仪式性入口广场。
拆除
残损连廊
破损较严重，结构交接生硬，无实质性功能，影响滨湖景观视野。

北楼、东楼和南楼围合的院落空间为多元舞台广场，同时作为人才、展演和休闲功能板块的仪式性入口广场。东楼山墙西向入口处的台阶，在设计方案中做了放大处理，可作为舞台或主席台功能，举办露天的演出或会议。台阶上方玻璃雨棚的设计灵感来源于中国传统建筑屋顶举架，经过简化、抽象后以现代的材料和形式表现结构之美，与原有建筑仿古风格协调统一。

（3）内外之间

现状建筑的加固改造除了要满足各版块功能定位的空间要求外，还要针对原有建筑在设计方面的不足，重点优化完善。通过实地调研，湖心岛建筑群的问题主要为两个方面：一是界面封闭，与周边环境互动较少；二是形体厚重，对地方热带气候响应不足。建筑改造方案相应提出了三个针对性的策略。

一是加强室内外空间视线联系。强化湖心岛建筑群的观景和景观价值，即兼顾“看”与“被看”两方面的关系。作为东西湖环湖的视觉焦点，通过植被的整理、设施的升级，让湖心岛露出来、亮起来。另外，打开封闭的建筑界面，利用好屋顶平台、滨水平台，打造欣赏湖景、城景的黄金视野。

二是增加室内外空间层次过渡。主要通过设置底层风雨廊的灰空间形式，加强空间层次过渡，营造室内外微气候的缓冲层，提高室内环境的舒适度。同时，风雨廊本身也是日常休闲、交往活动的重要场所。

三是塑造室内外空间灵活性。如何实现有限空间资源的利用效率最大化，是建筑改造着重考虑的一个问题。设计方案尽量减少固定隔墙和固定设施，通过家具设施的细节设计和灵活组合等措施，提高每一个空间的兼容性和通用性。

更新改造后的湖心岛，建筑布局规矩方正，加建的部分低调谦逊，与主体建筑统一协调，主次相宜的庭院与天然自由的原生景观相得益彰。“最海口文化体验馆”是集市井文化、生态文化、宜居文化为一体的文化综合体，必将成为三角池片区最具人气的活力场所、最为生动鲜活的宣传窗口、最为开放包容的交流平台，以及“最海口”文化的殿堂。

走过“最海口”文化体验之路，城市的历史印记、自然的水岸芳华、生活的点滴确幸，有关市井文化、生态文化、宜居文化的这些鲜活的感官体验令人印象深刻、回味无穷，人与城市的情感链接和思想共鸣油然而生，对城市的文化认同无形中得到重塑。

重补优质服务

完善的公共服务系统，是促进城市机能协同发展的战略框架，是推动社会文化发展进步的机制保证，是营造友好、包容、开放、便捷的城市场所空间的要素条件，是实现安全、实用、绿色、智慧的城市生活的设施基础。通过"双修"工作提高城市发展的质量，根本在于以宜居生活为核心目标，规划和建设高质量的公共服务体系，为城市可持续发展夯实根基。

围绕完善现代城市公共服务体系这一核心目标，规划设计开展了三方面的工作。一是结合片区现状问题，加强功能业态定位方面的研究和引导，提出"5M"慢生活体验模式。二是重点补充文化教育、社区服务等城市基本公共服务设施体系。围绕海口戏院的功能定位，开展城市设计方面的研究工作，为片区文化设施的建设发展提供决策和管控的技术支撑，尽快补足片区在该方面的短板。三是精细化设计功能设施，改造升级市政设施，形成多层次、全覆盖、人性化的公共服务网络。

业态定位

规划设计充分考虑公共服务体系对于片区功能发展方向的引导作用，力图扭转传统观念中被动式、跟随型的公共服务供给模式，促进中心城区经济合理、高效发展，实现城市精明增长。

海南省发展和改革委员会发布的《2018 年海南省经济社会发展大数据分析报告》指出，海南省的消费升级指数居全国前列，消费升级类商品及服务继续保持较快的增长势头，居民的日常消费正在经历从保障性消费向改善性消费的转变。随着现代城市居民生活质量的不断提高，文化性消费、

图 3-27　海口未来消费结构升级趋势

MOOD
放松心情

营造老城特有的市井慢生活氛围，策划轻松、愉悦、闲适的休闲服务产品，强化人的体验感和参与性。建议业态为古董小店、阳光书屋、徒步漫游、老街单车。

MEETING
交流聚会

充分挖掘闯海历史文化，紧密结合海口慢生活特点，打造供家庭休闲、创客交流的空间场所。建议业态为市井民宿、老爸茶馆、创客咖啡、闯海人年度沙龙。

MEAL
琼餐盛宴

以传统小吃为依托，提供地域特色的创新餐饮服务。经典小吃类包括椰子饭、海南粉、斋菜煲、甜薯奶等，老字号回归类包括129牛腩饭、邓记凉茶、吉祥面包等。

MEANING
创意遐想

结合片区特有的闯海文化、商圈文化和市井文化，策划一系列相关主题的特色业态，致敬城市记忆。建议业态包括创意市集、新锐画廊、设计师商店、怀旧酒吧等。

MELODY
影音娱乐

充分利用一园两湖的蓝绿开放空间，打造全龄、全季的，可参与、可享受的户外大众文化产品，建议业态为社区百姓舞台、广场琼剧节、露天消夏影院等。

图 3-28　“5M”体验式功能业态

体验性消费、精神性消费等改善性消费占比逐年上升，“慢生活”态度正在为越来越多的人崇尚。厦门、成都、丽江、杭州四大城市已经形成了相当规模的“慢生活街区”。其中，丽江和杭州依托环境资源，通过发展诸如咖啡馆、美食街、茶馆、民宿酒店等慢城业态，沿湖岸形成了完整的慢生活空间圈层。

与上述案例相比，三角池片区同样具备“慢生活街区”的发展条件：一园两湖是中心城区不可多得的蓝绿空间，环境资源禀赋优越；从人民公园向北步行几分钟即可到达骑楼老街历史街区，海秀、大同、友谊等多个商圈近在咫尺，生活服务设施便利；片区所辖的中山、博爱街道以老城原住民居多，崇尚闲适的生活状态。另外，与周边其他片区相比，三角池片区目前商铺、住宅租金仍处低位区间，商业价值可挖掘和提升的空间巨大。

通过相似案例研究，结合三角池自身及周边片区的现状特点，功能业态定位锁定“休闲慢生活街区”，通过政策倾斜和市场引导，培育“5M”体验式功能业态的发展，共塑中心城区的标杆品牌。具体来讲，“5M”模式分别为放松心情模式（MOOD）、交流聚会模式（MEETING）、琼餐盛宴模式（MEAL）、创意遐想模式（MEANING）和影音娱乐模式（MELODY）。参照以上体验模式，配合海口特有的消费活动，如老爸茶馆、特色小吃、古董书屋、创意集市、琼戏露天影院等等，打造本土特色、全龄共享、新颖鲜活的消费体验，塑造“最海口”休闲慢生活街区。

文化设施

海口戏院是集戏剧歌舞、电影放映、群众集会等多种功能为一体的大型文化设施，建成后的60年来承担了大量的文艺演出活动，也是海口唯一一家专业地方戏院。“海口的戏院虽然多，但海口戏院落成后，就成了最受市民喜爱的戏院。”80多岁的琼剧作曲家吴梅，仍津津乐道于当年海口戏院在老百姓心目中的热度。可以说，海口戏院承载并见证了老一辈海口人的艺术人生。

项目前期组织调查问卷中，有关尽快复建海口戏院的民意占到了相当的比例，加上戏院的建设场地紧邻西湖，与岸线环境提升和水体生态治理关系密切，项目团队主要围绕其功能定位进行了城市设计层面的研究工作，为后续规划建设提供决策和管控的技术依据。

按照片区层面的公共服务系统规划研究，新海口剧院的功能定位应包含文化、人本和自然三个方面，即传承琼戏文化、融合城市生活、践行生态理念。

传承琼戏文化，不是再造一个只能看戏的传统戏院，还要以琼戏为媒介，策划一系列人可以参与其中、亲身体验的主题活动，如票友俱乐部、亲子戏剧学院、戏楼茶餐厅、琼艺魅影艺廊等，使人真正有机会、有兴趣、有场所感知传统艺术的魅力。相应的，功能空间除了观演大厅外，还包括教学排练、戏迷沙龙、特色美食、艺术展览等拓展功能。此外，建筑空间和环境场地设计要突出适应性和灵活性，提高使用效率，满足不同的使用需求。

融合城市生活，是要规避惯常运营模式下的戏院使用的极端状况，“有戏时人潮人海，没戏时冷冷清清”，将城市生活引入建筑空间和环境场地，使海口戏院真正成为一个全天候的活力热点。首先，建筑设计应充分考虑与一园两湖的片区环境有机融合，使之成为东西湖沿岸的公共空间体系链上的一个重要节点，例如将环湖漫步道引入并穿过戏院的公共服务部分，充分借力滨水岸线的人气资源，将其打造为名副其实的市民客厅。其次，配合建筑空间的公共属性，应加强环境设施的人性化细节设计，塑造可赏、可玩、可游、可憩的高品质场所空间。

践行生态理念，要求建筑设计除了满足基本的功能要求之外，还应充分顺应海口的气候特征，扬长避短，加强建筑的通风组织、遮阳挡雨、立体绿化，塑造轻盈舒展、清新雅致的建筑形象。此外，结合基地内东西湖岸线段的生态文化走廊，整理场地形成微地形，灵活布置票友交流、表演的场地及平台。婀娜多姿的身形在花丛中时隐时现，清转悠扬的琼腔在芦苇荡里萦绕，又将是一幅东西湖岸线上的人与自然和谐共处的艺术画卷。

海口戏院建成后，必将成为东西湖岸线上的一处文化地标、曲艺传统的展示窗口和交流平台，有效解决三角池片区文化设施欠缺的问题，进一步营造并提升城市的人文气息和艺术品位。

此外，项目技术团队积极配合相关部门组织“最海口艺术营城计划”，向海口市市民发布“海口城市更新文化创意召集令”，征集文化设施规划、建设、管理方面的“金点子”。

功能设施

在紧密对接海口城市更新城市品质提升专项规划中的城市广告牌匾相关条例的基础上，建筑专业团队对现状沿街商业店面进行了细致的排查和甄别工作，为违章广告牌匾的治理工作提供了理性、翔实的技术依据。针对沿街建筑疏于维护的问题，规划设计制定了系统全面的建筑功能设施整治方案，主要包括：规范空调室外机安装位置，加装个性化的机位格栅；更换破损的门窗和配件，清洗、粉刷建筑外墙面；统一更换防盗网，设计定制艺术性、特色性的栏杆图案；清除、整理建筑外墙面上的老旧管线等。

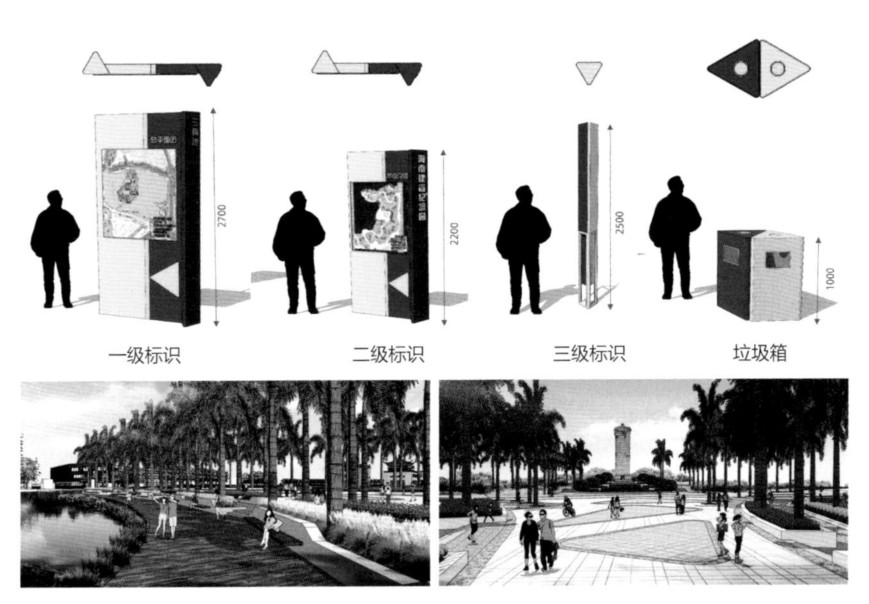

图 3-29　功能设施设计方案选例

此外，重点对环境设施开展精细化设计工作。首先，方案采用统一的设计语言，以三角形为母题元素，通过灵活的组合变化应用于个性化的细节之中，打造三角池特色。其次，针对滨湖公共空间不同的地面材料，分别为木质栈道和硬质铺装设计了相应材质的座椅方案，整体风格统一融合。第三，绿地边缘的石质景墙，其造型设计充分考虑人体工程学因素，可坐、可倚，适应多样的市民休闲活动需求，同时考虑了配置遮阴、蔽雨和观景等辅助功能。第三，公共信息导向系统采用隐喻大海和沙滩的蓝黄色系组合，清新明亮的色彩也符合海口作为热带滨海城市的形象和气质。系统方案包括三级标识及重要节点介绍，为本地居民和外地游客提供全面、准确的出行指示服务。最后，在高差变化、临水界面、市政设施等位置设置了安全警示标志和灯具，加装了坡道、扶手等无障碍设施，保证市民的人身安全和行动便捷。

图 3-30　夜色下三角池的广场舞

市政设施

针对三角池片区现状环境卫生设施和道路交通设施的数量缺口，规划设计进行了专项补充，并将海绵城市等新理念融入规划设计方案之中，提高基础设施韧性。此外，聚焦民生导向，多专业协同配合，专题解决难点个案。

广场路与大同路交叉口逢雨必涝，特别是海口十一小学校门前，路面积水最深处及腰，附近居民和学生家长意见强烈。规划设计对路口处道路纵断面进行优化调整，抬高学校入口广场标高，同时更换透水性铺装材质，加强地表渗水能力。在道路雨水系统优化设计方面，通过增补海绵系列设施，与市政雨水管网紧密结合，协同作用，提高道路雨水排水能力，改善市民的基本生活条件。具体来讲，机非隔离带增加与路面齐平的道牙排水口，内部设置下凹绿地与生物滞留池，接收部分路面雨水，有效降低了道路雨天积水概率。滨湖绿带沿线设计贯通的植草沟与雨水花园，保证人行道地表径流雨水的排放，雨水收集后排入潜流湿地体系进行净化，从而减少了地表面源污染对东西湖水体的影响。

重理社会善治

作为海口城市更新首批落地实施的综合性示范项目，三角池项目不仅仅是一个单纯的土木工程意义上的建设活动，其更大的价值在于通过系统性、综合性地解决具体的“城市病”问题，特别是对广告牌匾、违法建设等方面的管理，探索并建立依法治市、长效管控的技术手段和工作机制，切实提升城市治理和精细化管理水平。

项目技术团队结合规划设计过程中遇到的实际情况、具体问题，以及相应的解决方案、技术创新，及时对其上位的城市风貌管控和城市品质提升等专项规划进行了反馈，重点补充并完善了相关内容，使之具备更好的例证基础、实操价值和示范意义。

例证基础

以“海口城市更新建筑风貌管控专项规划”为例，其技术体系分为三个层级：宏观层面，明确城市建筑风貌定位；中观层面，建立指标体系，分类分项规范引导建筑风貌；微观层面，指导实施项目，双向支撑、全程跟踪规划设计与审批管理工作。无论是中观层面的一般建筑通则和特色建筑细则，还是微观层面建筑布局、建筑风格、建筑形态、色彩材料、附属设施等分项导则内容，都是以建筑风貌整治工作技术框架为基础系统展开的。值得一提的是，专项规划中引述的许多案例都来自于三角池片区的建筑风貌整治实施方案，直观、生动、说服力强。

实操价值

传统意义上的专项规划成果，其内容深度和表达方式易落于俗套，用语和图示难免晦涩、抽象，往往落入“普通百姓看不懂，管理部门用不了，设计单位参不透”的尴尬境地。针对这一现实问题，“海口城市更新品质提升专项规划”的编制紧密依托三角池项目积累的经验、教训，加强导则的实用性和易操作性。首先，导则内容重点锁定在民声强烈的建筑界面、广告牌匾、环境设施、信息标识相关问题，分级、分项进行规范引导，语言通俗易懂，形式图文并茂，让普通市民也能轻松理解专业技术内容。其次，结合三角池项目管理经验，广泛收集项目相关各职能部门的意见和建议，将各层级的品质提升管控导则与其工作流程和评判标准紧密结合，使管理审批工作有章可循、有据可依。最后，借鉴三角池项目技术统筹工作的方法和思路，结合设计单位的工作特点，编制手册式的管控导则，条文清晰、方便查询，图文对比、易于理解。

图 3-31　三角池项目的实践探索为相关专项规划提供了有力支撑

示范意义

除了对海口城市更新工作技术框架的自我完善之外，对于框架体系以外但和三角池项目工作密切相关的专项规划，也按照海口城市更新工作的目标、原则和策略进行了动态调整与补充完善。项目技术团队以“技术监理”的角色，承担了部分专项规划的综合评估、待审批规划或设计方案的咨询服务等工作，如《海口市高立柱广告整治规划》《海口市户外广告专项规划》《海口市亭类设施整治规划》《海口市公共信息导向系统设计导则与方案设计》等专项规划或设计方案，将三角池项目的示范效应最大化。

“重塑空间场所、重整生态本底、重织交通网络、重铸文化认同、重补优质服务、重理社会善治”的六重策略，使海口城市更新三角池示范区项目不同于以往惯常的环境整治工程，具体体现在以下四个方面。第一，项目以“人民城市为人民”为工作的核心原则和基本出发点，从老百姓呼声强烈的“城市病”问题出发，紧密结合片区自身未来发展愿景，构建双重导向的技术体系。第二，项目的技术策略涵盖建筑、景观、治水、交通、文化等多个专业维度，协同推进、整体提升，综合性、系统性、针对性地解决三角池片区的城市病症。第三，项目没有拘泥于物质有形的空间环境改善，而是更多地关注精神无形的乡愁记忆的存续。第四，规划设计借力蓝绿资源禀赋、完善公共服务供给，同时积极主动地应对城市更新工作中的社会关系和矛盾诉求，探索并建立长效管控的技术手段和工作机制。多重策略共同发力，力图实现“环境品质更好、精神记忆常新”的“三角池更新”。

① 滨海、滨水建筑应结合岸线走势、地形地貌等环境条件，采用因势利导、灵活自由、层级有序的布局结构和肌理；

② 由水体岸线至城市腹地方向，应保留合理的景观视廊、人行路径和行风通道，避免密集排布、简单交错布局形成的“墙壁效应”，阻隔城市与自然交融。

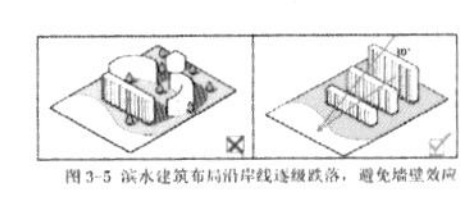
图 3-5 滨水建筑布局沿岸线逐级跌落，避免墙壁效应

（2）高度组织

① 沿岸线布局的建筑组群，其整体形态宜高低组合、错落有致，营造变化丰富的滨海、滨水建筑天际线；

② 应向水体岸线逐级跌落，贴临岸线的建筑宜采用退台处理手法，营造岸线尺度怡人的空间感受和层次丰富的空间序列；

③ 河湖等自然水体生态保护区外侧 100m 范围内为建筑高度控制区。贴临水体岸线的控规建设用地，建筑高度不宜超过 24m，禁止建设高层建筑。建筑物距离河湖保护区外边界的最小距离不应小于其建筑高度；

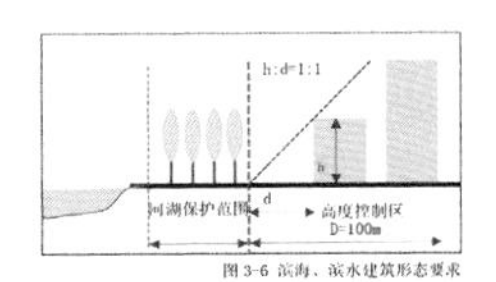

图 3-6 滨海、滨水建筑形态要求

④ 对于承担重要职能或属性、具有特别意义和价值、承载城市形象或市民认同的重要人工设施和自然景观，其周边建筑的平面布局和高度组织应避免阻碍经典性视廊、功能性路径等的联系。

（3）建筑体量

① 滨水、滨海建筑宜采用小巧、宜人的体量，灵活组合、分散布局。建筑体量应与周边环境有机协调，鼓励通过分段、分层等设计手法化整为零，有效削减厚重、庞大体量的空间压迫感和视觉冲击力；

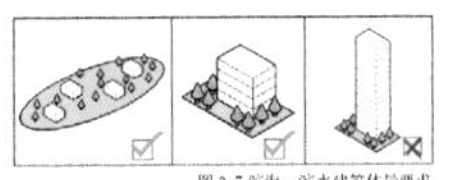
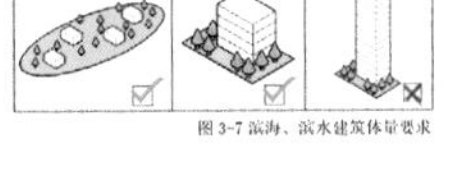
图 3-7 滨海、滨水建筑体量要求

② 滨海建筑高度小于 24m 以下部分，建筑最大正投影面宽不应超过 70m；高度介于 24m-54m 部分，建筑最大正投影面宽不应超过 60m；54m 以上部分，建筑最大正投影面宽不应超过 50m；

③ 滨水建筑高度小于 24m 以下部分，建筑最大正投影面宽不应超过 80m；高度介于 24m-54m 部分，建筑最大正投影面宽不应超过 70m；54m 以上部分，建筑最大正投影面宽不应超过 60m。

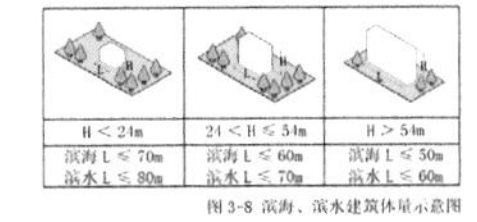

图 3-8 滨海、滨水建筑体量示意图

例证基础，实操价值，示范意义

更新——建筑风貌管控指引》与《海口城市更新——品质提升专项规划》均引用了三角池项目规划设计案例。

03 实施落地

工作组织

海口城市更新三角池示范区项目是一项系统、综合的工作，特别是落地实施阶段，要在有限的时间、空间范围内，高质量地完成风貌整治、环境提升、水体治理、道路升级、设施建设等多个专项工程，需要多方全力投入、密切协作，工作组织至关重要。

作为“海口城市更新”工作的技术总承包方，中国城市规划设计研究院高度重视三角池项目，由王凯副院长亲自担任项目主管院领导，院经营管理处统筹协调中规院（北京）规划设计公司建筑设计所、风景园林和景观研究分院、城市交通研究分院、城镇水务与工程研究分院、深圳分院照明中心成立综合技术团队，根据工作需要又分为海口现场工作组和北京后方工作组。项目团队由49位专业技术人员组成，累计投入9862人·日。其中，北京工作组累计投入8725人·日，报出图纸1860余套（张），出具各类表单文件1118份，组织专业例会78场次；海口工作组不间断驻场254天，累计投入1137人·日，出具各类表单文件756份，参加项目管理等相关会议191场次，圆满完成项目技术服务工作。

除了技术团队，项目涉及的群体还包括决策机构和职能部门、建设单位和施工单位、社区群众和社会公众三方。

在政府部门常设架构下，组织工作充分利用自上而下的行政统筹力度，加强综合协调能力，推进项目各项工作开展。海口市政府作为行政统筹方，成立了由常务副市长挂帅的项目指挥部，即行政决策机构，负责部署重大事项，统筹各职能部门。在市人大和政协的全程参与监督下，海口市城市

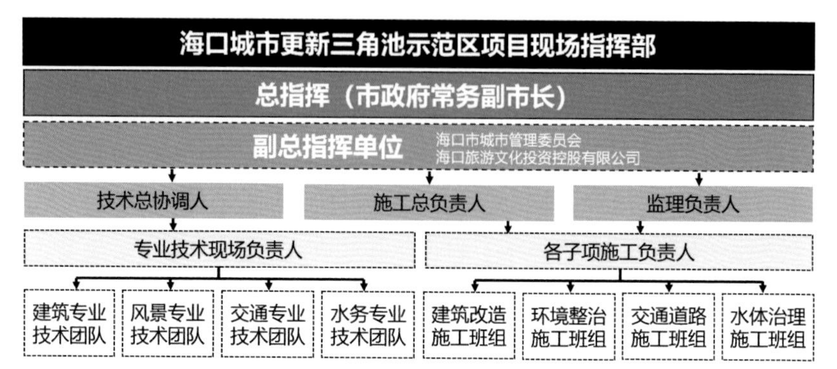

图 3-33　三角池项目工作组织框架

管理委员会*作为牵头单位，负责具体协调推进项目各项工作；海口市规划委员会**、市发展和改革委员会、市住房和城乡建设局、市园林管理局***、市水务局、市供电局、交警支队，以及美兰区、龙华区政府等多部门协作配合，落实项目各项工作，从而建立了行之有效的行政工作组织构架。

海口旅游文化投资控股集团有限公司为建设单位，抽调经验丰富的团队，负责组织管理项目施工建设。海南建设安装工程有限公司为施工单位，由建筑组、景观组、亮化组和市政组多工种团队构成。深圳市铁汉生态环境股份有限公司先期承担东西湖水环境综合治理项目，因与三角池项目关系密切，也在中国城市规划设计研究院综合技术团队的统筹协调下开展水体污染治理工作。

三角池项目规划设计范围覆盖博爱和中山两个街道，社区群众总计约2000余人，包括企事业单位职工、个体商贩、人大代表、政协代表、离退休干部和文艺界人士等多个群体。业主单位包括海口广播电视台、市司法

* 现已纳入海口市市政管理局，余同。
** 现已纳入海口市自然资源和规划局，余同。
*** 现已改为海口市园林和环境卫生管理局，余同。

局、市商务局、海口宾馆、海口卫生防疫站等企事业单位共14家，电动车售卖、小商品批发等各类商户183家。另外，作为首批实施的城市更新综合性示范项目，三角池项目从一开始就引起了社会各界的广泛关注，包括当年的“闯海人”、离休干部、民俗专家、公益人士等公众群体，都通过不同的方式表达了对其更新改造的关心和期望。

工作内容

在项目综合技术团队看来，三角池项目涉及与政府、企业、公众三方的沟通和协作工作，相应的内容和侧重点也不尽相同。

对于决策机构，项目团队凭借在城乡规划建设领域的理论积累和实践经验，精准解读国家大政方针，准确把握项目定位，积极主动地提供项目决策相关的技术咨询服务。对于既定的重大决策，项目团队保持持续跟踪，协助牵头责任部门分解任务、确立目标，明确各职能部门的分工，继而按专业分别进行技术对接，推动项目具体事项的解决和落地。

对于建设单位，无论是前期规划设计还是中后期施工建设，无论是技术咨询还是管理协调，项目技术团队提供了全过程、全方位的专业支撑。对于施工单位，项目团队根据以往项目经验，帮助其制定切实可行的工期计划，并按照既定的时间节点提交设计图纸，确保项目按时、保质、足量建设实施。值得一提的是，综合技术团队坚持不间断驻场技术服务，保证施工现场的问题第一时间及时解决，不留后患。

社区群众是项目直接涉及的社会群体，更新改造过程中每个细小的环节都可能触及他们的切身利益，技术团队海口现场工作组相当比例的时间和精力，都投入到了与社区群众面对面的沟通工作之中。一方面，解答他们感兴趣、有疑问的方方面面，大到设计理念，小到细部节点等，让他们清楚更新改造方案给他们的日常生活带来的品质变化。另一方面，对于他们反馈的合理化建议，现场工作组的同志也会耐心认真倾听、及时消化理解，相应调整优化设计方案。对于广大社会公众，项目技术团队积极配合政府部门，组织城市"双修"理念的现场宣介活动，结合三角池项目更新改造中一个个看得见、摸得着的案例，向他们普及新时代城市转型发展的新模式、新思维、新实践。

图 3-34　中规院综合技术团队现场工作照

三个平台

“无论是‘生态修复’还是‘城市修补’，弥补城市建设中的历史欠账，会或多或少地对城市环境和资源、功能和空间的配置产生一系列的影响。”因此，所有利益相关群体的合理诉求和发展需要都应当纳入规划设计工作的思考范畴。在方案制订的各个环节应倾听各方的意见和建议，在实施阶段，对于项目直接涉及的三个群体，由于各方的利益、诉求不同而产生的矛盾、冲突不可避免，甚至影响到项目成效。针对这一问题，项目技术团队充分发挥触媒作用，在每两个群体间分别搭建实施平台、宣贯平台和管理平台，让各方的诉求在平台上充分发声、沟通协商、合理解决，保证各项工作的民主性、公正性和透明性，推动项目有序开展，体现平等包容、共识导向、公众参与和共享成果的城市治理基本原则。

图 3-35　三个平台

实施平台

介于社区群众与施工单位之间的是实施平台。在项目落地实施过程中，前者关注房前屋后生活环境的点滴细节，譬如更换的门窗及防盗网是否实用安全，施工堆料是否挤占出行道路，夜间施工是否打扰正常作息等，而他们对于工期计划等实施问题则毫无概念。后者则更加看重以最简便、最快捷、最经济、最有效的方式推进项目落地，对于老百姓在意的材料质量等问题，则缺乏必要的解释说明工作，而施工过程中的扬尘、噪声等问题又反复被社区群众投诉。双方关注重点不同，沟通交流缺位，施工进度不免受到影响。项目技术团队凭借过硬的技术素养和积极主动的态度，在施工单位和社区群众之间搭建实施平台，有效协调项目实施过程中双方的矛盾和冲突。

（1）防盗网之辩

项目实施临近一半的时候，施工单位按计划着手住宅防盗网的拆除与更换工作，却遭遇了社区群众的阻挠，甚至导致施工进度一度陷于停滞。对于需要更换防盗网的住户来说，三角梅和竹叶特色图案的艺术型防盗网绝对是个新鲜事儿，所以自然对其安全性、耐久性心存疑虑。

项目回访时，园内里社区的吴茹拉阿姨依然记得，她第一次看到新式防盗网样品时的担心，“怕装得不牢固，质量不好”。老人的这种反应也代表了绝大多数街坊邻居的态度，虽然之前参加过设计方案宣讲会，但真正看到样品实物，大家的第一反应还是“中看不中用”，“看上去似乎不比老式不锈钢或铸铁防盗网来得牢靠”，所以他们宁愿将就破烂锈蚀的旧防盗网，也不愿意换新的，任凭社区工作人员如何解释也无济于事。

图 3-36　防盗网之辩

左图：在防疫站大厅，由 20 余名业主代表参加的防盗网设计方案沟通会上，结合三维模型和幻灯片演示，中规院技术人员详细解答防盗网相关问题，并耐心听取各方意见。

中图：在防盗网施工现场，中规院技术人员对照样品实物为以吴阿姨为代表的社区群众详细讲解设计规范、材料规格、安全性能、耐久性能等设计方案细节。

右图：在东湖公寓院内，围绕防盗网的设计和安装方案，中规院技术人员、施工单位负责人与业主单位负责人以及多名群众代表，进行了热烈的讨论和协商工作。

施工单位面对众多不配合工作的住户和几乎陷入停滞的工程进度，压力山大，不得不反馈工程指挥部，表示如果无法协调社区群众意见，建议立即调整防盗网方案，换成常规的不锈钢防盗网，只要老百姓肯接受，哪怕废弃一部分已加工的成品也在所不惜。

对于这一棘手的问题，现场工作组不等不靠，在社区街道办的大力支持和帮助下，第一时间组织技术人员和施工单位、建设单位一起走进住户家中，逐户查看防盗网的安装和使用情况，面对面详细解释防盗网的设计规范、材料规格、安全性能、耐久性能等一系列大家关心的问题。此外，组织社区群众代表召开防盗网设计方案专题沟通会，就防盗网相关的热点问题逐一详细解答，并耐心听取方案的合理化建议。与此同时，与施工单位充分对接，在综合考量材料及时间成本的基础上，共同制定切实可行的防盗网优化方案。

吴茹拉阿姨是威利雅公司宿舍的老住户，平时在街坊四邻中威望很高。对于新式防盗网，初期她的抵触情绪也非常强烈，而且很快影响到了该栋楼其他住户，遂成为实施平台相关工作中的关键人物。经过项目技术团队、建设单位、施工单位、社区工作人员多次上门做思想动员、技术宣讲工作，老人竟然成为东湖路上第一个同意更换新式防盗网的个人业主，还相继做通了整栋楼其他住户的思想工作。老人家对最新更换的防盗网非常满意，逢人便说："每天站在阳台上，透过漂亮又结实的防盗网，享受到三角池的美丽景色，心情特别好，这是我做梦也想不到的，非常感谢政府。"

防盗网问题只是通过实施平台解决的许许多多事项中的一个。在施工单位和社区群众之间搭建的实施平台上，项目技术团队以精湛扎实的专业素养、积极务实的工作作风、严谨求实的职业精神，由点及面逐渐赢得两方的信任、理解与支持，既保证了社区群众合理的权益，又确保施工工作的顺利开展。

（2）钟楼保卫战

现代妇女儿童医院位于博爱南路—海秀东路—海府路交叉口东北角，正对新三角池广场。作为路口重要的背景建筑，其临街一侧的观光电梯形象粗陋、造型笨重，成为建筑风貌整治工作的重点之一。此外，博爱南路—海秀东路—海府路交叉口作为三角池片区重要的交通枢纽和开放空间，城市设计层面需要一个统领性的标志物。因此，建筑风貌整治方案利用观光电梯的高耸体量，将其改造为新南洋风格的钟楼，夜间配合灯光渲染，成为路口城市空间的点睛之笔。

同样的，这样一个创意十足的想法，如果没有项目技术团队搭建的实施平台，以及海量的沟通、协调工作，恐怕到现在还只是个纸面上的设计方案。

由于中心城区城建基础资料的严重缺失，虽经多方努力，方案设计阶段项目技术团队一直未获得现代妇女儿童医院的原始土建图纸。直到钟楼钢柱基槽开挖时，才发现观光电梯原设计过于保守，基础尺寸过大，加上

图 3-37　夜幕下钟楼魅影点亮的城市休闲生活

旁边许多未知的地下管线，导致新的钢柱基础无处立足。工程进度因此放缓，楼内业主频繁投诉：施工脚手架影响室内采光，极易引发入室盗窃犯罪，要求拆除脚手架的呼声也越来越高。迫于工期压力，施工单位提出：取消钟楼方案，简单处理。

海口现场工作组第一时间将这一情况反馈至北京，中规院（北京）规划设计公司建筑设计所的两位主任工程师立即飞赴海口，会同驻场同志，连续三天现场蹲点，分析各种潜在问题与可能的解决方案，并与施工单位、勘察单位反复研讨，夯实方案可行性，最终巧妙地解决了这一技术难题。新的结构方案简化了工程难度，缩短了施工周期，同时兼顾了新旧建筑的结构安全。此外，项目团队积极争取区政府的支持，加强施工现场的治安巡访，有效遏制入室盗窃等犯罪活动。联合社区街道办，项目团队同步组织业主代表现场技术宣讲，对照方案图纸向大家详细介绍钟塔的设计理念、特色亮点，尽可能获得业主的理解和支持。

宣贯平台

城市“双修”工作，是政府决策者基于城市战略全局的思考，实现城市发展建设理念的转型升级的工作部署，也是满足人民对城市宜居、生活美好向往的有益实践。虽然初衷相同、愿景一致，但由于双方所处的立场不同，关注问题的侧重点不尽相同。作为城市的管理者，政府决策机构关注宏观层面的中长期的、全系统的、战略性的问题，着力点在于生态环境的改善、综合竞争力的提升、公共服务体系的健全等方面。普通市民百姓是城市的一分子，他们关注安全，关注冷暖，关注那些看似微不足道、却又实实在在影响他们生活幸福的方方面面，常常以最直白的语言、最直接的方式，表达最真实的感受。

图 3-38　中规院驻场人员现场工作日志

2018 年 3 月 31 日　　　　　　　　　　　晴　28℃

今天上午 9 点和晚上 8 点，龙华区 120 多名和美兰区 100 多名市民代表来现场参观，我带领他们沿东湖边参观边讲解项目概况及设计理念，并欣赏了三角池夜景。从大叔大妈的赞叹中，从年轻人的相机中，从孩子们的笑脸中，我感受到了他们对这里一花一木的喜爱，对这里短短几个月来蜕变的惊喜。晚上 9 点多，我讲解完准备回去的时候，三角池广场来了几位音乐学院的学生即兴现场表演，站在围观的人群里，我感触很多，也很欣慰，老百姓喜欢现在的三角池！这也是对我们数月来辛苦驻场的最好褒奖！

China-Up人物专访：王凯：呼应转型新时代 践行发展新理念 促进海口新发展

原创：China-Up 规划中国 2018-04-24

王凯：海口双修是中规院三亚双
续和提高，我们称之为“升级版”
省政府高度重视，海口市委市政
和推进。首先要说下双修工作的
当前我国城镇化发展到了一个转
革开放以来的前30年，开发区、
城市发展的主要特征，城市规划

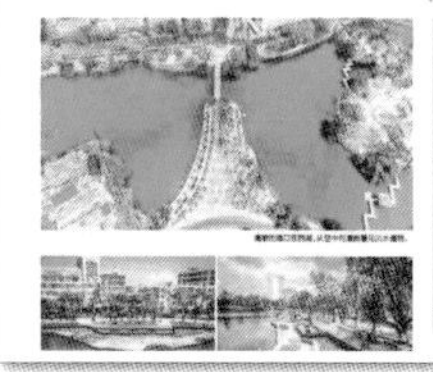

海口城市更新重点示范项目三角池改造接近尾声

打造市民满意工程
奏响新时代乐章

海口三角池
颜值可

图 3-39 中规院技术团队“三个平台”相关工作

规划设计前期，通过街头随机发放问卷等多种形式，广泛收集老百姓的意见和建议，作为综合性示范项目遴选和策划工作的重要依据。

落地实施期间，中规院技术人员先后多次接受各家媒体采访，并配合海口电视台《城市更新三人行》节目录制，向社会公众讲解“双修”理念和方法。

项目竣工前后，技术团队重点依托“规划中国”微信公众号，全方位推介三角池项目。中新网海南新闻、海南日报、南国都市报、凤凰网等数十家媒体不同程度地关注了三角池示范区的“双修”工作。

针对政府与公众在城市问题方面的认知差异，海口现场工作组紧密依托规划设计工作，在两者之间搭建宣贯平台，加强联系沟通，统一理念认识，相互监督学习，为城市全面转型发展出谋划策。

在项目实施的后期，大部分施工界面已经完成并展现出来。湖水干净了，视野开阔了，街道也通畅了，周边的建筑也都焕然一新了，三角池的亮丽魅影一度占领了海口老百姓的微信朋友圈。大家争相点赞的同时也纷纷好奇，在这短短的几个月里，几十年不变的三角池究竟是如何完成这样一个 180° 的华丽转身的？为了使社会公众能够更好地了解项目概况与“双修”理念，扩大项目的示范效应，广泛听取老百姓的意见和建议，技术团队充分利用现场工作的机会，随时随地向周边居民和过往群众介绍三角池项目，解答他们的种种疑惑，同时认真倾听他们的切身感受和合理建议，及时反馈给相关责任部门和单位。作为一个强有力的纽带，项目技术团队搭建了一个政府与百姓的沟通通道，拉近了政府与百姓的沟通距离。

另外，项目技术团队积极响应海口市政府的统一部署，安排驻场工作的青年建筑师义务为社会各界宣讲城市“双修”理念、规划设计思路、专业技术策略。从 2018 年 2 月 27 日至 4 月 5 日的 37 天内，海口驻场工作组相继承担了 16 场城市更新工作宣讲活动，接待社会各界观摩人员近 1200 人次。通过深入浅出的专业讲解，将海口城市更新工作的成功经验宣传出去、推广开来，让社会公众看到城市更新的变化，了解城市更新的裨益，感知城市更新的魅力。

在项目实施过程中及完成后，海口市广播电视台的《海口新闻联播》《热带播报》等栏目对三角池项目进行了跟踪报道和大力宣传。此外，新浪新闻、中新网海南新闻、搜狐新闻、海南日报、南国都市报、凤凰网等数十家媒体也都不同程度地关注了三角池示范区的城市更新工作。值得一提的是，南海网于2018年3月28日、29日在微博、微信等平台推出《在“最海口”的记忆中重生——海口三角池片区120天蝶变纪实》为题的长篇通讯和H5产品，点击量近百万人次。其中采用全景图、航拍、视频对话等表现形式，全方位、多角度展示三角池片区的新旧变化和市民赞誉，并还原了项目从决策历程到施工难题等诸多鲜为人知的幕后细节。尤其是H5产品，通过三角池片区今夕图示对比，再配合昼夜航拍视频，华丽的视觉效果、新颖的界面形式，很快就“收割”了近两万次的点击量，海口市民一时间争相转发这部承载着亲切和感动的“大片”，成为三角池系列报道中名副其实的“爆款”。另外，项目团队的技术人员先后接受各家媒体采访近20余次，并配合海口电视台《城市更新三人行》节目录制，持续扩大项目影响力。

此外，项目技术团队广泛应用网络、微信、微博等信息平台，推介三角池项目，引发了“爆款”效应。借助“规划中国”微信公众号，于2018年4月24日推出《China-Up人物专访　王凯：呼应转型新时代 践行发展新理念 促进海口新发展》，以三角池为例，从项目背景、核心理念、工作组织和实践经验等多个方面，深度解读的海口城市更新工作。随后于2018年4月28日、5月6日、5月20日相继发布《池道》《池记》《池影》的三角池专题系列微文，以轻松活泼的方式讲述项目的规划设计理念、落地实施历程，展示“双修”工作初步成效。

管理平台

政府职能部门负责具体协调、推进、落实项目各项工作，注重项目的社会效益：是否坚持“以人民为中心”的工作准则，是否实现城市综合治理能力的进步，是否促进城市精细化管理水平的提升，以及是否找到长效管控的合理机制。建设单位负责组织管理项目的施工建设，更加关注项目的经济效益，即如何多、快、好、省地实现项目的快速落地、快速见效。项目技术团队在职能部门和建设单位之间建立了管理平台，兼顾项目的社会效益和经济效益，既要借助项目，探索新时代城市发展转型的新路径、新方法，又要实现项目投资和收益的良性关系，积累可复制、可推广的“双修”实施类项目方法与经验。

在一期项目竣工后，项目技术团队分别对海口市城市管理委员会和海口旅游文化投资控股集团有限公司的项目相关负责同志进行了专访，中规院技术团队在管理平台相关工作中的出色表现和突出作用令他们印象深刻。

（1）专业素养

过硬的专业素养是项目技术团队给人第一的印象，也是保证管理平台高效运转的技术内核。时任海口市城市管理委员会城市景观处张鸿处长在访谈中强调，要打造具有示范意义的精品项目，聘请高水平的技术团队至关重要。

首先是技术上兼顾战略高度和内容深度。作为海口城市更新工作的有机组成部分，三角池项目是在“海口城市更新行动纲领”的统领下，充分对接空间、生态、交通、设施、文化、社会六个维度的专项规划，问题导向着力解决百姓关注的热点问题，目标导向打造“最海口”的市井文化体验、延续“最海口”的闯海乡愁记忆的片区发展愿景，大处着眼。在片区未来发展的总体目标之下，是“六重”专项技术策略组合拳，每重专项均针对特定的城市病症构建了全面、细致的技术方案，大到东西湖流域的海绵建设规划，小到栏杆扶手的节点详图，小处着手。

其次是专业间重视协同配合和重点突出。三角池项目的工作内容非常庞杂，涉及的专业类别林林总总，就像海旅集团*林天蒂副总经理在访谈中提到的那样，“这个项目综合性太强了，建筑外立面改造、景观、道路交通、夜景亮化、湿地改造、管线迁移，涉及的专业太多了，涉及的新课题太多了。”在有限的时间、空间内高质量地完成这些工作，除了加强各专业设计方案无缝衔接之外，协助政府职能部门制定综合性的工作方案，保证施工计划高效合理、实施时序紧密衔接，都是中规院技术团队搭建的管理平台关注的重点问题。

第三是过程中坚持稳步推进和双向延伸。在时间紧、任务重的情况下，项目技术团队主动提出协助施工单位编制详尽可行的施工计划，并建议各方统一参照施工计划安排相关工作，做到循序渐进、心中有数。另外，通过管理平台的建立，实现了全过程、伴随式的技术服务模式。在海口城市更新工作伊始，中规院技术团队便着手同步推进综合性示范项目的遴选和策划工作，随后全程跟进项目的规划设计、落地实施工作。项目后期，海口现场工作组义务承担项目宣贯工作，并利用三角池项目的案例和经验，动态调整与补充完善相关专项规划技术体系，协助政府相关部门将重大的、共识性的管理内容上升为地方法规和技术规范，实现城市治理长效管控和城市管理精致人本。

（2）职业作风

除了精湛的专业技术水平之外，项目技术团队在管理平台日常工作中表现出来的“讲原则、守底线、立规矩”的职业作风，赢得了各方的高度认同和肯定。

---

* “海旅集团”为“海口旅游文化投资控股集团有限公司”的简称，余同。

三角池项目现场情况多变，社会关系复杂，矛盾冲突不断。坚持“以人民为中心”，维护公共利益，保护合法权益，呵护弱势群体，作为中规院技术团队的基本行动准则，贯穿项目始终，从而保证了管理平台各项工作的公开性、公平性和公正性。

而对于违章广告、违法建设、安全隐患等危及人民群众生命和财产安全的问题，中规院技术团队则采取“零容忍”的态度，全力配合相关责任部门一追到底，坚决予以纠正，维护城市规划的权威性和严肃性，守住生命的红线和安全的底线。

管理平台工作涉及海量、庞杂的日常事务，在中规院技术团队的积极建议下，工程管理从项目伊始即实行表单制。所有项目例会，会后第一时间会议纪要都会及时整理并抄送参会各方；所有重要决策都整理书面意见成文，抄送相关责任方备忘；所有工程变更、洽商事项都要填写表单，由建设、设计、施工、监理单位四方签字确认后方可执行。通过“立规矩”，项目实施落地相关的所有事项都能通过相应规程做到“留痕迹、可追溯”，信息沟通效率和精度大大提高，避免无谓的扯皮和误解，保证了项目管理工作的高效性和可控性。

（3）敬业精神

示范项目承载着城市建设的新理念，具有重要的引领价值。因此，在三角池项目前期策划、规划设计、落地实施、对外宣介的各个阶段，需要在许多细节上改变过去粗放式的、非生态的建设方式，需要在规划设计工作内容和方式上相应地做出调整。

中规院技术团队先后派出建筑、景观、交通、照明、市政等专业人员32人，不间断驻场工作254个日夜，累计投入1137人·日。相对于传统意义上蜻蜓点水式的现场工作，全程伴随式的驻场工作可以说是一次技术服务的方式转变。专业技术人员的定位从以往的"空降兵"转变为现在的"陆战队"，技术工作方式也要从随性的"泼墨山水"转变为精致的"工笔绣花"。这些转变是有效应对中心城区"双修"工作系统性、复杂性的模式创新，是兼顾技术和社会双重工作的有益探索，也是城市发展转型时期规划、建设、管理工作升级的必然趋势。"施工过程中你们派设计师到现场来，以前的设计单位从来没有这样过。设计与施工能够有效地沟通，问题得到及时解决，施工变得更加有序、更加高效，这是一种全新的工作方法。"访谈中，张鸿处长对于中规院技术团队的敬业精神赞赏有加。

同样，项目技术团队积极主动的工作态度、热情诚恳的处事风格，也让人竖起了大拇指。"日常工作中，和中规院打交道的时候，并没有感觉到因为是国家级大院就有'趾高气昂'或者'咄咄逼人'的态度。相反，这些年轻人就是一个个正能量源，浑身散发出的活力，在工作中感染着每一个人。有这样的融洽氛围在，大家互相支持、互相理解、互相帮助，使得我们的协调工作更加顺利。在今后的项目中，我们也要延续这种氛围，使我们的工作事半功倍。"

管理平台保证了三角池项目各项工作按时、保质、足量实施落地。此外，对于各方来说，也是一个学习观摩、能力提升的窗口。"这个项目确实很锻炼人，之前做过的一些项目，例如市政道路，对接的单位和涉及的专业很单一，没有这么多复杂的情况在里面。然而三角池不是，在做这个项目的时候，我们要统筹考虑很多事情。通过这个项目，我觉得是进步了，学习到了很多平常没有接触过的东西。"海旅集团林天蒂副总经理谈到，三角池项目对于他自身及海旅集团的项目统筹能力、现场管理经验等方面，都是一次质的飞跃。

中心城区的“双修”工作具有很强的社会性，“人”的工作无法回避，也不能回避。通过实施平台、宣贯平台和管理平台，不同群体的利益诉求能够准确、及时地得到发声、接收、反馈。同时，项目技术团队心怀社会责任，积极主动地在不同群体之间奔走游说，敏锐地感知与催化各方的态度，凭借精湛的专业素养解决复杂问题，争取项目落地实施的最大可能性。可以说，中规院综合技术团队在政府、企业、公众之间搭建的三个平台，同时发挥了“传感器”和“催化器”的作用,是“双修”工作不同群体之间的有效“触媒”。

交通道路改造

改造道路长度	1100	米
改造道路面积	30000	平方米

建筑风貌整治

改造界面面积	81000	平方米
改造建筑栋数	23	栋
风貌协调面积	156000	平方米
风貌协调栋数	16	栋

违法违章治理

清除违章广告	220	平方米
拆除旧防盗网	4850	平方米

环境景观提升

改造岸线长度	1687	米
环境提升面积	39900	平方米
增加广场数量	3	个
补种乔木数量	320	棵
增植草坪灌木	7800	平方米

图 3-40　数字三角池

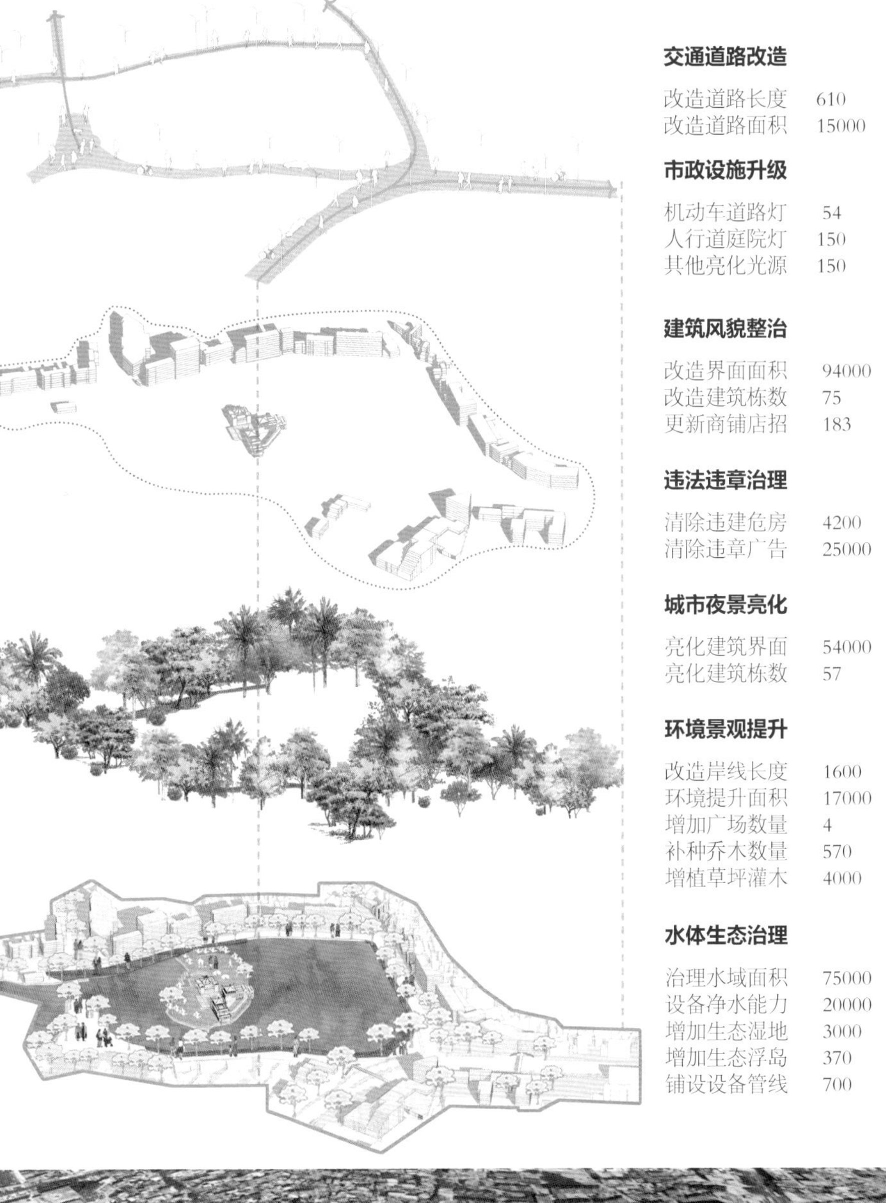

交通道路改造

改造道路长度	610	米
改造道路面积	15000	平方米

市政设施升级

机动车道路灯	54	杆
人行道庭院灯	150	杆
其他亮化光源	150	盏

建筑风貌整治

改造界面面积	94000	平方米
改造建筑栋数	75	栋
更新商铺店招	183	幅

违法违章治理

清除违建危房	4200	平方米
清除违章广告	25000	平方米

城市夜景亮化

亮化建筑界面	54000	平方米
亮化建筑栋数	57	栋

环境景观提升

改造岸线长度	1600	米
环境提升面积	17000	平方米
增加广场数量	4	个
补种乔木数量	570	棵
增植草坪灌木	4000	平方米

水体生态治理

治理水域面积	75000	平方米
设备净水能力	20000	吨 / 日
增加生态湿地	3000	平方米
增加生态浮岛	370	平方米
铺设设备管线	700	米

第四章

论道·三角池

回溯过去，我们围绕“城市病”问题的理论思考和实践探索，始终伴随着城市化的洪流，螺旋上升，系统深入。人类最朴素的学习机制即是从过往的得失中汲取养分，本章简要回顾了以英美为代表的西方世界城市更新发展路径，而处于城市发展转型时期的中国，“生态修复，城市修补”工作的提出是内外环境倒逼、迈向存量更新的综合技术解决思路，具有鲜明的中国特色。通过对国内外的发展路径和共性原则的比较与分析，试图归纳城市更新理论与实践演进过程的若干趋势和特征。

中心城区一直以来都是城市更新相关工作的理论热点和实践重点，近年来，中国城市规划设计研究院认真学习领会中央城市工作精神，在住房和城乡建设部的领导下，组织相关专业院所积极开展“双修”实践工作。尽管城市的自身禀赋和现实困境各不相同，但事实证明，中心城区的“双修”工作仍有章可循。基于海口城市更新三角池示范区以及全国各地类似的落地实施类项目，本章后半部分对其中积累的实践经验与阶段性的价值判断进行了系统的梳理和总结。

01 汲取国际经验

回溯现代城市的发展历程，可以说是一个有关发展与停滞、成就与失误、希望与失望、迷惘与探寻、冲突与合作等关键词相互交织、相生相伴的过程，有关城市更新的理论思考和实践探索层出不穷、从未间断。

现代意义上的城市更新可回溯至 18 世纪的工业革命时期。工业生产要求各种生产要素在空间上的集中，除了煤炭、钢铁这些原材料外，作为生产力三要素之一的人也一样从农村向城市集聚，工业化直接带动城市化。然而，随着大量农民涌入城市闯生计，人口密度直线上升，公共设施跟不上，中下阶层几乎就是生活在垃圾堆里，糟糕的生活境遇直接导致了不断爆发的工人运动。出于不同的目的和诉求，作为上流阶层的大工厂主、社会活动家、城市规划师们也开始深入思考如何解决人口密集、交通拥堵、环境污染等棘手难题，寻找心目中的理想之城，其中最具代表性的是罗伯特·欧

图 4-1　科恩瓦利（Colne Valley），一座工业革命大潮中新兴城市

图 4-2　工业革命初期，德国城市埃尔博菲尔德（Elberfeld）艾兰德区（Elend area）糟糕的环境状况正如弗里德里希 · 恩格斯（Friedrich Engels）1845 年在《德意志意识形态》中描述的那样。
今天，类似的问题在世界各地的大都市边缘依然存在。

文（Robert Owen）和埃比尼泽·霍华德（Ebenezer Howard）先后提出并实践的“田园城市（Garden City）”的构想。随后，西方国家政府也不得不着手开展有计划、有目标的城市更新行动，受当时以“形体决定论”为核心理念的近现代城市规划思想的影响，这些实践大多通过城市物质环境的表观美化，试图解决城市面临的所有困境。其中，19世纪末、20世纪初发端于美国的“城市美化运动（City Beautiful Movement）”的影响最为广泛。

为重建接连遭受经济大萧条打击和两次世界大战蹂躏的欧洲城市，各国政府积极争取社会资本，以改善住房等生活条件为目标，通过拆除贫民窟腾退空间，进而推进更新市政设施、升级道路系统、完善公园绿带、建设大型公共建筑等一揽子项目实施落地。城市的管理者们相信，通过既有物质环境的改善，将增加城市的宜居程度，优化投资环境，激发市民的责任感、自豪感和认同感，进而缓解城市中心区的衰败。随后，国际现代建筑协会（C.I.A.M.）倡导的“功能主义、强调新技术应用”的城市规划思想，对之前“重形式、轻功能”的“城市美化运动”进行了系统反思，更加重视产业结构和生产布局的调整优化。然而，这些功能主义导向的城市更新策略也有其自身的局限，大规模推倒重建贫民窟只是将其做了简单的空间位移。更为糟糕的现实情况是，依附其间的原有邻里关系网也随之被一并抹掉。此外，由于汽车的普及、充足且廉价的汽油、优惠的郊区购房政策，以及高速公路建设等综合因素，加上种族骚乱问题的推波助澜，越来越多的高收入家庭迁往城市边缘的那些新建的“高尚社区”。与此同时，随着城市郊区化现象的日益凸显，中高收入家庭的外迁促使了工商企业的迁移，而这些企业提供的就业机会的外迁，又造成了更多人口迁往郊区，这种恶性循环的直接结果是很多城市中心区的衰落，并带来了整体人口减少、少数族裔和低收入者的增加和集聚，以及高犯罪率和高失业率等一系列社会问题。

20 世纪 60 年代，正是由于规划师和公众的广泛参与，西方世界的城市更新更像是一场社会改良运动。简·雅各布斯（Jane Jacobs）、克里斯托弗·亚历山大（Christopher Alexander）分别从社会公平和经济盈亏等角度激烈地抨击了大规模推倒重建式的粗暴做法，倡导小规模、灵活渐进的更新方式。芒福德（Lewis Mumford）和舒马赫（Ernst Friedrich Schumacher）分别在各自的专著中提出，城市更新应该对人的尺度与需求给予充分关注。1970 年代，随着“人本主义”思想在社会经济生活中的复苏以及可持续发展思想的兴起，以西欧国家为代表的城市更新，在目标、内容、方式等方面都更趋理性，城市的社会、经济等隐形价值得到了前所未有的重视。这一时期的实践探索以积极创造就业机会、促进邻里和睦为主要目标，工作内容也相应转向兼顾社区环境的综合整治和社区经济的复兴重塑，组织模式由政府自上而下的单方主导，变为自下而上的“社区规划（Community Based Planning）”，政府部门、社区居民、社会资本、专业人员之间形成了良性的多边合作关系。

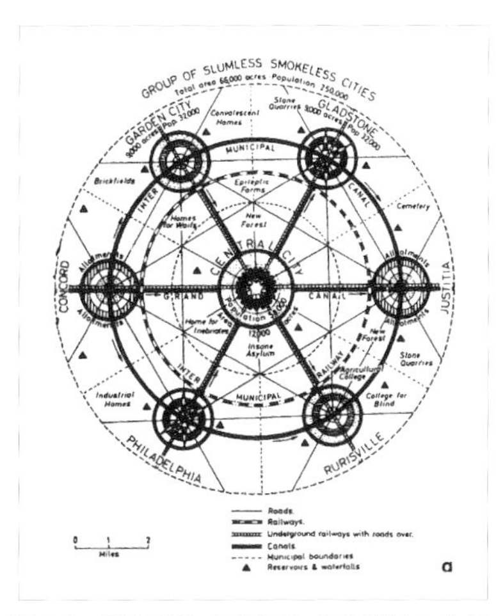

图 4-3　埃比尼泽·霍华德的“田园城市”构想

图 4-4　爱丁堡老城中心的皇家一英里大道（Roy

20世纪70年代末,北美城市规划引入了“城市复兴（Urban Renaissance）”★理念，有别于之前的“城市更新（Urban Renewal）”理念，城市复兴“以综合和整合的视角与行动，引导对城市问题的分析，寻求转型地区持续增长的条件，其中包括经济、形态、社会和环境等方面的内容”。从价值取向看，城市复兴不再以物质空间为唯一的关注核心，或仅仅以项目为基础的短期治理，而是一个系统干预、持续发力的长期过程；从参与主体看，主要包括公共部门、私有部门和社区组织；从工作机制看，城市复兴是通过共同参与和团体协商找到解决问题的答案；从内涵实质看，城市复兴追求社会公平与公正的实现。由此可见，城市复兴是一个动态完善的长期过程，工作目标也更为多元：不仅仅是改善城市环境和市民生活，使城市充满生机，增强城市经济活力，改善环境质量，更重要的是使城市更加具备社会和文化包容性，消除贫困，减少犯罪，提供广泛的受教育机会等。

随着城市复兴理念的内涵不断丰富，其策略和方式在世纪之交也呈现出多样化的特点。以英国为例，1998年，在布莱尔当选英国首相不久，随即邀请著名建筑师理查德·罗杰斯（Richard Rogers）领衔组成“城市工作专题组（Urban Task Force）”，研究日益严重的城市问题，寻求遏制城市衰退的专业思路。经过近一年的工作，由各行业上百位专家组成的工作组提交了题为《迈向城市的文艺复兴（Towards an Urban Renaissance）》的研究报告，在可持续发展、城市复兴、城市交通、城市管理、城市规划和经济运行等方面提出了系统、综合、完善的专业建议，被视为世纪之交城市问题相关领域最重要的纲领性文件之一。由这个例子可以看出，尽管城市复兴政策的中心议题仍然是发展建设，但核心内容、

★ 吴晨博士在《世界建筑》2002年12期发表的《城市复兴的理论探索》一文中认为，在英国政府的文件中，经常将“Urban Regeneration”同“Urban Renaissance”两词互换使用，“Renaissance”作为“文艺复兴”的专有名词有其固定译义，不宜更改。因此，可将Urban Regeneration一词译为“城市复兴”，更能表达人们对美好城市理想的追求。作者亦赞同这一译法。

终极目标和实现方式已发生根本变化，影响因素涉及就业住房、医疗卫生、市政交通、环境生态、社会治安等诸多方面。此外，思考问题的角度也从项目局部转向城市整体，从物质改造转向经济发展以及物质环境、生活质量的改善，积极引导各种资本力量参与其中，对于解决城市问题具有划时代的意义。

进入21世纪，随着全球化趋势的影响愈加深远，西方世界的城市更新理论思考和实践探索呈现出博弈共赢、回归人本和去中心化等特征。

在全球化语境下，城市更新的本质可以理解为资本力量的整合和平衡，没有投资或税收政策的激励作用，城市更新只能纸上谈兵。现代城市的衰败或繁荣，究其根源都是资本的撤离或介入，无一例外。因此，日常工作中城市管理者不得不面对形形色色的资本力量，精心挑选、用心整合、小心平衡。然而资本的力量是庞大的，且以追求利润为唯一目标，如果完全屈从于市场力量，社会和经济的不平等现象将会日益严重；如果完全遏制市场力量，社会和经济的自发活力将被扼杀，城市的发展建设也将趋于缓慢。只有行政手段与市场力量通过博弈达到均衡时，城市更新才有可能实施落地。

同时，全球化使世界各地的城市有机会同享科技进步的最新红利，为高速发展的城镇化提供了坚实的技术保障，但残酷的现实又让我们认识到，技术进步是一把双刃剑。放眼全球，摩天塔楼、玻璃幕墙、中央空调、高速电梯等似乎成了衡量一个城市经济繁荣、实力雄厚的现代化标配，城市的管理者们曾经想当然地认为，通过科技完全可以重塑旧城、成就新城，横扫一切城市病疾。然而，时至今日各种城市病症依然困扰着我们的生活，那些令人着迷的科技产品又催生了“千城一面”等新的问题，城市的妆容精致却冰冷、似曾相识又难以辨认。科技进步同样需要人文情怀的淬炼才能历久弥新，尊重传统、延续文脉、彰显特色、珍视记忆等成为当代城市更新的普适准则。城市需要高度，更需要温度。

最后，全球化带来的经济、政治、文化等要素的互联互通，正在促进城市空间的结构性变化。传统的城市结构多是单中心的树状结构，城市“摊大饼”就是这种单一中心思想规划建设的结果，交通的单向流动、绿地的单向扩展和职能的单向稀释等弊端已成为这一结构的“通病”。在应对上述问题方面，多核并存的网状结构具有双向性或多向性的先天优势，以往独一的中心逐渐消隐。相应的，城市更新更加注重社区层面自下而上的秩序建立，社区之间的联系和协同更加紧密，克服了过去自上而下更新模式的先天不足，城市的表征正在呈现去中心化的转变。

02 探索中国路径

时代背景

中国在经历了改革开放40年来快速发展，城镇化率从1978年的17.92%逐年增长至2018年的59.58%，创造了人类城市建设史上前所未有的“中国速度”和“中国奇迹”。然而，在一幅幅光鲜的城市图景背后，却隐藏着许多现实问题，环境不堪、韧性不足、功能欠账、设施落后、管理缺位等。

针对新时代城市转型发展面临的现实困境，2015年年底召开的中央城市工作会议提出，“要加强城市设计，提倡城市修补……要加强对城市的空间立体性、平面协调性、风貌整体性、文脉延续性等方面的规划和管控……”“城市建设要以自然为美，把好山好水好风光融入城市。要大力开展生态修复，让城市再现青山绿水。”十九大报告中明确指出，当前我国社会的主要矛盾已发生历史性转变，在解决“不平衡不充分”的问题上，对照供给侧改革的“十个更加注重”，普遍存在的“城市病”问题与美好生活的需求相去甚远，因此城市发展的重点在补品质、环境、文化、创新以及公共服务方面的“短板”。近两年，习近平总书记在视察通州副中心、雄安新区等重大规划建设项目时，多次强调城市建设应坚持人民城市为人民，以人民关心的问题为导向，综合举措治理“城市病”，促进城市的高质量发展。

图4-5 三亚解放路综合环境整治项目实施效果

“双修”演绎

2015 年 6 月，住房和城乡建设部正式将三亚列为“生态修复、城市修补”试点城市。中国城市规划设计研究院技术集团军正式进驻三亚，多专业协作、全过程服务城市的规划建设，积极探索、实践“双修”工作。经过近一年半的努力，2016 年 12 月，中国城市规划设计研究院为“全国生态修复城市修补工作现场会”献上了 7 大类、总计 12 个示范项目，来自各省、自治区、直辖市住建规划系统主要负责同志，受邀的各地政府主管城建的负责同志共约 150 人参加了会议，并进行了示范项目现场观摩，反响非常强烈。

2017 年 3 月，住房和城乡建设部印发了《关于加强生态修复城市修补工作的指导意见》，安排部署在全国全面开展“双修”工作，明确了指导思想、基本原则和主要目标，并提出了工作要求，标志着我国城市发展转型正式进入“双修进行时”。

作为中国城市规划设计研究院落实“中央城市工作会议”的重要举措，以及在城市更新领域阶段性的学术研究成果，《催化与转型：“城市修补、生态修复”的理论与实践》一书对“生态修复”和“城市修补”给出了明确的定义：

“生态修复，是‘把创造优良人居环境作为中心目标’，旨在使受损城市生态系统的结构和功能恢复到受干扰前的自然状况，一方面重点将城市开发活动给生态系统所带来的干扰降低到最小；另一方面通过一系列手段恢复城市生态系统的自我调节功能，使其逐步具备克服和消除外来干扰的能力，特别是在外部条件发生巨变时仍具有逐步建立新平衡的能力，促进生态系统在动态过程中不断调整而趋向平衡。”

“城市修补，正是围绕着‘让人民群众在城市生活得更方便、更舒心、更美好’的目标，采用好的城市规划与设计理念方法，以系统的、渐进的、有针对性的方式，不断改善城市公共服务质量，改进市政基础设施条件，发掘和保护城市历史文化和社会网络，使城市功能体系及其承载的空间场所得到全面系统的修复、弥补和完善，使城市更加宜居，更具活力。”

“‘生态修复、城市修补’是‘为了扭转城市建设粗放发展的旧模式，探索实践我国城市内涵发展建设的新模式’，是实现城市转型发展的催化剂。”相应地，规划设计实践秉承的核心价值观要符合城市发展转型的方向和要求，重点锁定六大维度展开，包括重整自然生境、重振经济活力、重理社会善治、重铸文化认同、重塑空间场所、重建优质设施六重原则。

可以说，“双修”工作是内外环境倒逼的必然产物，是城市更新在存量更新时代下，中国的在地性创新，是针对城市快速扩张过程中留下的缺憾的优化方案，补短板、补欠账，长远结合、内外兼修，逐步提高城市发展持续性和宜居性，实现当前城市发展方式由粗放外延向高效内涵转型的要求，应对中国城市“成长的烦恼”。

图 4-6　全国“双修”工作现场会解放路观摩点

03 辨明趋势特征

尽管国家间在社会基础、发展阶段、政治制度等方面千差万别，而每座城市的资源禀赋、山水格局、问题特征、机遇条件也各不相同，纵览国内外城市更新的发展历程，从最初的“城市美化运动”、20世纪50年代的城市重建（Urban Reconstruction），到60年代的城市复苏（Urban Revitalization）、70年代的城市复新（Urban Renewal）、80年代的城市再开发（Urban Redevelopment），再到深刻影响西欧的城市复兴（Urban Renaissance），以及近几年国内广泛开展的“生态修复、城市修补”，通过对不同时代、不同国家、不同城市的案例分析，以及不同案例间的横向比较，拨开纷繁复杂的现实表象，可以找到若干发展趋势和共性特征。

价值取向

城市更新的价值取向逐渐由环境为先转向以人为本。城市不只是由建筑、道路、树木、汽车等模块简单拼接而成的乐高积木，而是由上述各要素和身在其中的人共同组成的“场所”，我们需要在城市中生活、生产、消费、互动，不断满足自己的各种需求。遗憾的是，以往城市更新中单纯美化物质环境的尝试，大多忽视了这种需求本质：每个专业模块都像制作乐高积木那样精耕细作，但当这些要素拼接到一起，却未必能够形成人性化的场所，物质环境精致且美观，但却缺乏宜人的温度，这样的例子在城市更新的历史长河中并不鲜见。因此，纵观其发展历程，城市更新的理论和实践探索越来越回归“城市为人而存在”这一初衷，也只有尊重并顺应这一城市发展的基本规律，我们所付出的一切努力才有价值和意义。

工作思路

城市更新的工作思路从专项治理到综合调理日趋完善。随着时代的发展，城市更新所涉及的工作内容越来越庞杂，不仅仅是显性的物质环境要素，还包括社会、经济、历史、文化等隐形要素。特别是在经济发展共赢、技术资源共享成为全球发展的主流趋势后，通过整合城市的诸多要素，城市更新工作更加关注激发社区活力、传承地域文脉、发掘城市特色，最大化吸引投资，提高国际竞争力，以应对城市的经济衰退问题。事实表明，这些工作需要一个目标明确、科学系统、计划周密的行动纲领加以统筹，不仅保证单个计划或项目中技术体系的专业性和有效性，计划或项目之间也应做到协同配合、无缝对接、层次丰富、分工明确，根据互相作用做出动态调整与积极反馈。工作框架的综合性和复杂性决定了城市更新注定是一个厚积薄发的长期调理过程，而不是若干一蹴而就的短期治理项目。以往孤立的视角去审视城市的困境与挑战，将一个个具体的问题按专业简单归类、对号入座，幻想通过单个治理项目专项解决，自说自话、互不关联，势必陷入“头痛医头，脚痛医脚”的尴尬境地。

组织机制

城市更新的组织机制从单方主导向多方合作不断演进。无论国外还是国内，以中心城区为主要舞台的城市更新案例，可以说是一部部跌宕起伏的关系大戏，故事的主角是政府官员、资本力量、社区居民和规划设计师，情节梗概是围绕城市中心区的衰败与振兴这一核心议题，各方在资金、决策和利益分配的责权关系上进行的讨价还价，而本质上它是一个关于主角们如何通过有限资源的分配来实现自己的既定目标，决定城市发展未来的关系博弈。城市更新从一开始就夹杂着社会各个阶层、群体之间的利益冲突，随着城市更新实践的不断迭代，其组织结构和运行机制也在不断发生变化：由早期的政府主导，自上而下、福利主义的模式，历经中央政府各相关部门之间，或中央与地方政府之间的公对公伙伴关系，到市场主导，自上而下、公对私双向伙伴关系，再到以政府与社会资本合作、地方社区参与的公、私、社区三方合作的伙伴关系为基础，自下而上与自上而下决策相结合的工作组织机制。城市更新相关工作组织由此更加科学、规范，游戏规则更加民主、透明，博弈结果也更加公正、公平，从而兼顾了不同向度的价值取向和利益诉求。

技术目标

城市更新的技术目标从静态结果导向到动态过程导向全面迭代。作为当今城市更新规划设计领域最行之有效的技术手段之一，城市设计自从20世纪50年代在北美形成相对独立的学科体系以来，其内涵和外延因为城市更新的理论思考和实践探索被不断充实和拓展。从城市更新技术工具的视角来审视城市设计，上述变化反映了城市更新技术体系的演进与迭代。空间形态和建筑美学是城市设计最初的关注对象，随之构成了城市更新相关技术体系的基本认识，即好的城市设计可以创造具有吸引力的城市环境，从而增强本地居民的自豪感和认同感，同时更多地吸引外地游客和投资，这也是现在不少通过包装、美化城市环境，使城市经营利益最大化的根本动力所在。进入21世纪，城市设计在城市更新技术体系内的作用转而成为一种“场所营造的过程（Process of Place-making）”，而非简单的“超大号的建筑艺术（Architecture Writ Large）”。如果说过去城市设计强调美学价值的单一导向，重视经济利益的短期回报的静态目标，那么现在则更注重支撑场所营造的动态过程，并在这个过程中实现美学、经济与社会价值，兼顾三者的合理结合与整体平衡，从而实现城市的可持续发展。

角色作用

城市规划与建筑设计的专业作用经历了由专业工具到关系纽带的蜕变。从社会学的角度来看，城市更新的实质就是各种利益群体对城市空间的重新定义、重新划分，他们之间既存在合作、协商与妥协，也存在矛盾、对立与冲突，从而呈现出复杂的博弈关系。在城市更新发展历程中，作为专业技术人员的城市规划设计师曾因过分专注于空间资源的分配、社会责任淡漠而为人所诟病。在《美国大城市的死与生》中，简·雅各布斯尖锐地指出，现代主义的建筑与城市规划精英们，无一例外都是美国资本和政治力量在城市更新项目中的奴仆，公开质疑他们的立场站位。然而，随着城市更新的工作内容、愿景目标、实施周期、评价标准等相关因素越来越复杂，面对城市更新中各种利益博弈，能够使各方在明确具体的更新规划与设计框架中联系起来，并就空间资源再分配方案组织各方讨价还价的中间人，只能由作为专业技术人员的城市规划设计师来承担。因为他们不可避免要同时面对政府机构、社区公众、商业资本等多个群体，也只有同样作为有血有肉有感情的“人”，城市规划设计师凭借公序良知、职业素养规范自身的行动准则，在各种不同群体间穿针引线、求同存异，精妙地感知不同群体的力量强弱，催化各方的态度变化并努力保持权益平衡，最大限度地保证城市更新工作立场及目标的一致性。

04 聚焦中心城区

理论热点

三角池所在的中心城区，由于其非凡的意义和特殊的价值，一直以来都是城市更新理论研究领域热度较高的概念。

中心城区是一个具有经济、社会、空间等多方面属性内涵的复合概念，正如美国学者西里尔·鲍米尔（Cy Paumier）在《城市中心规划设计（Creating A Vibrant City Center）》中的认识，城市中心是地区经济和社会生活的中心，人们在此聚集，从事生产、交易、服务、会议、交换信息和思想活动，它是市民和文化的中心。更为重要的是，对于城市中生活的人们来说，中心城区即是他们的心理中心。简·雅各布斯在《中心城区为人民而生（Downtown Is For People）》指出，中心城区不仅仅是指某个城市特定区域的几何中心，也是城市中高密发展的、具有公共吸引力的城市公共服务集聚的“城市磁场”，它具有错综复杂的吸引力，市民在这里有更加丰富的社会行为可能性。

对于我们每个人来说，尽管“中心城区”的内涵似乎早已约定俗成，其实各专业领域关注角度不同、研究重点各异，难免仁者见仁、智者见智。传统经济学将中心城区理解为城市中地价最高、单位土地产出率的峰值区域，美国经济地理学家墨菲（R.E.Murphy）和万斯（J.Wance）提出中心商贸高度指数（CBH）和中心商贸密度指数（CBI），继而通过公式量化测算框定中心城区的空间范围。地理学领域中，约翰·弗里德曼（John Friedmann）的“核心—外围（Core and Periphery）”结构认为城市核心区是具有较高创新变革能力的地域社会组织的子系统；社会学领域中，迪肯森（R.E.Dikinson）的“三地带理论（Three Zones Theory）”，和埃里克森（E.G.Ericksen）的"折衷理论（Combined Theory）"，都将城市中心区定义为以商务功能为主体的城市地域中心。

鉴于本书的专业范畴和关注重点，因此中心城区可以理解为，城市在历史演进过程中，受社会进步、经济发展、文化积淀、政治更迭等多重因素叠加作用在空间形态的权重落位。对与一座城市而言，中心城区的价值主要体现在两个方面：首先，中心城区是一座城市的身份名片，是历史、人文、地理、风貌等独特因素在城市空间互相作用、密集叠加的区域，集中体现城市形象、历史底蕴、文化品味和环境特色。此外，传统意义上的中心城区，是一座城市的生活客厅，是城市的经济中心、交通中心、功能中心、公共活动中心，是城市的社会、经济、文化等功能集聚的焦点。

实践重点

中心城区，也是中国城市规划设计研究院"双修"系列项目落位的重点城市区域。截至 2018 年年底，中规院相继承担了三亚、海口、北京、乌鲁木齐、济南、福州、泉州、延安、景德镇等 17 个城市的"双修"工作，推进落地了一系列实施类项目，其中相当比例都在中心城区。

解放路综合环境整治项目是三亚“生态修复、城市修补”试点工作重点示范项目。解放路是三亚市活力最突出、功能最多样、交通最繁忙、人流最密集，因此也是城市中心区最体现市井生活、最贴近民生利益的街道。项目技术团队聚焦“临界空间”——一个跨红线、跨专业、多维度、多类型，承载一系列街道要素集合的空间，虽然它与人的日常活动、对街道的印象和感受密切相关，却面临产权、事权、设计等现实困境。规划设计重点围绕连续性、渗透性、艺术性三个特性谋划技术思路，通过界面控制、功能支撑和人本细节三大设计策略重塑空间环境品质。解放路项目是“城市修补”理念的首次落地实践，也是街道回归人本的有益践行。

济南黑虎泉西路—趵突泉北路街区更新提升项目是大明湖路街道整治项目的升级版，街区内城市干道串联了大明湖、趵突泉、黑虎泉、解放阁等老城重要的标志性空间场所，也是集中展现老城历史人文与自然景观的精彩长卷。技术团队针对街区公共空间零散断续、品质低下的短板，延续总体城市设计的思路创意，依托老城独有的资源禀赋，构建以“泉道”为主题的公共空间系统，发掘和塑造城市特色品牌。技术策略方面，通过特色主题对老城的空间节点与文化资源进行串联与整合，达到“显泉知城”的目的。此外，将公共空间视为一个有机整体，对其各构成要素进行再梳理和再定位，进而提出系统思维下不同要素之间差异化的提升方向与措施，有效提升和丰富老城公共空间环境品质与文化内涵，形成“清泉润城”的效果。

泉州古城“双修”中山路示范段、西街东段综合环境提升项目位于泉州市鲤城区内国家和省级两个历史文化街区的核心保护地带，现状情况复杂、空间环境局促、技术挑战极大。围绕“保护与利用”的双重价值，技术团队将古城历史文脉的挖掘与延续同古城居民生活质量改善紧密结合起来。除了地上常规环境要素的更新完善之外，还包括对地下市政基础设施

图 4-7 由中规院承担的济南、泉州和北京的"双修"实施类项目

的升级改造，切实改善老城居民的生活品质。另外，在充分研究梳理老城人文资源的基础上，技术团队特别关注街区居民生活习惯，锁定使用率高的空间节点，在不破坏、不改变原有格局关系和使用功能的前提下，有针对性地进行环境提质和主题植入，老城居民的邻里关系与生活方式得到了最大限度地尊重。可以说，泉州“双修”系列项目的核心思路和技术策略，是和谐善治理念的生动体现。

崇雍大街位于北京市东城区，北起雍和宫，南至崇文门。大街所在的天坛至地坛一线文物史迹众多，历史街区连续成片，是展示历史人文景观和现代首都风貌的形象窗口。1990年代以来的数次整治工程，均未跳出“涂脂抹粉”的惯常做法和思路桎梏。2018年崇雍大街整治提升设计项目启动之初，技术团队即尝试以综合系统的视角，重新审视这条北京老城内连接“天地之间”的城市干道，统筹考虑居住环境、交通出行、公共服务、对外交往、文化展示、旅游形象等多种功能需求，规划设计对象也由之前单纯的物质环境向社会、文化、经济等多维度拓展。项目重在实施机制创新，围绕“以人民为中心”的核心原则，通过搭建“崇雍议事厅”、推广公众参与小程序、开展公共设计竞赛等方式积极引导公众参与，广泛征集民意，探索统规统建与统规自建方式相结合。其次是对传统空间范围拓展，从“街面一层皮”走向“街区进院落”，技术团队以产权院落为单位，编制院落及建筑设计导则，同时通过示范院落的更新，改善居民的居住及生活条件，将更新由表及里进行纵深延展。最后是环境更新与功能更新相结合，通过对业态的有序引导及院落腾退，补足便民服务设施，完善城市功能。崇雍大街整治提升设计项目搭建了一个城市共治共建的开放平台，充分体现了城市治理理念、策略与方式的转变。

05 把握原则策略

在当前城市转型发展的关键时期，探索中心城区可复制、可推广的“双修”方法和路径，经验主义导向的回顾与反思，固然可以帮助我们免于重蹈欧美国家的覆辙。但是，国家有别、时代不同，加之文化差异、社会公私、经济兴衰等左右城市更新成败的因素众多，西方世界的路径也不能生搬硬套。面对我们生活在其中的每一座鲜活的城市，以及我们不得不直面的每一类现实的问题，充分借鉴国际经验，积极投身“双修”实践，无疑是一种积极的态度。而更重要的是，突破单一项目的局限，灵活变通、及时调整、不断完善、勤于思考，总结和提炼跨越不同项目之间、隐蔽于问题表象之后的共性原则和普适策略，探索具有中国特色、时代特征和创新特质的中心城区“双修”工作方法和路径，是中国城市规划设计研究院“双修”工作相关的技术团队多年来不断关注、持续努力的事业。

核心原则

中心城区的“双修”工作不仅要补足物质环境的短板和欠账，还要激发人文精神的认同与活力，不仅要研究空间，还要面对百姓。同三角池示范区一样，每一个中心城区“双修”项目都要涉及有形及无形的因素，工作内容异常繁复、庞杂，而在有限的时间、空间内高质量地完成这些工作，则是一项项“不可能完成的任务”。可以说，从甄选策划、规划设计、沟通完善，到最终实施见效的全过程，技术团队的所有工作都依照“最大公约数”与“最优解”、“减法”与“加法”的运算规则行事，这对算法逻辑是指导中心城区“双修”工作的核心原则。

“最大公约数”与“最优解”

中国城市规划设计研究院院长 杨保军

新区建设往往不涉及利益博弈，但在城市的更新区里，情况非常复杂，每一个利益相关者的意见，都有可能对你的方案造成影响。所以，规划师在这个地方不要去寻找“最优解”，而是要寻找“最大公约数”。

中心城区的“双修”工作，任何时候都不能忽视“人”的力量。回溯西方世界城市更新的发展脉络，包括价值取向、组织机制等关键因素在内的转变——由空间环境转向人本精神，由单向主导转向多方共识等，都是在回归人本，通过塑造高品质的城市空间，谋求更美好的城市生活。

2017年2月24日，习近平总书记在北京城市规划建设和北京冬奥会筹办工作座谈会上指出，城市规划建设做得好不好，最终要用人民群众满意度来衡量。要坚持人民城市为人民，以北京市民最关心的问题为导向，以解决人口过多、交通拥堵、房价高涨、大气污染等问题为突破口，提出解决问题的综合方略。要健全制度、完善政策，不断提高民生保障和公共服务供给水平，增强人民群众获得感。坚持人民城市为人民，是包括中心城区“双修”工作在内的我国城乡规划建设工作的出发点与落脚点。

中心城区的“双修”工作具有很强的社会性，一个优秀项目的最终落地，一定是社会上下、多方合力的结果，过程中必须尊重、倾听、回应各方的利益和诉求，因此要求目标导向的“最大公约数”。这就要求专业技术人员以更广阔的视野和格局，跳脱出琐碎表象和局部利益，聚焦主要矛盾，保障公共利益，提出系统性、综合性、针对性的解决思路，进而积极争取各方的共识。中规院技术团队在三角池项目中搭建的“三个平台”，使各方的诉求在平台上充分发声、沟通协商、合理解决，保证各项工作的民主性、公正性和透明性，推动项目有序开展，即是“最大公约数”的最好例证和“双修”工作的模式创新。

求“最大公约数”，绝不是别人说怎么干，规划设计师就怎么画。对于关键问题、难点问题，技术人员一定要权衡利弊、守住底线，求专业上即问题导向的“最优解”。如果说涉及利益的各方共识是抽象的，那么城市空间的更新成效则是具象的。特别是在与百姓生活关系最密切、空间场所使用最频繁、反馈效果最直观的中心城区，更加需要专业技术人员心怀各方利益诉求的“最大公约数”，针对每一个具体的问题，凭借认真负责的职业素养、执着专注的匠人精神和高超精湛的专业水平，找到解决具体问题的“最优解”。三角池项目中的钟楼保卫战，就是项目技术团队克服重重困难，积极沟通各方，反复打磨设计方案的生动案例，也正是由于规划设计师们的耐心、勤勉和坚持，最终保证了项目的完美呈现。

“减法”与“加法”

中国城市规划设计研究院副院长 王凯

三角池项目重在“做减法”，花大力气去除繁复冗余，梳理、整合边角料空间，还给城市。老百姓能够享受到高质量的城市公共空间，原先单调、乏味的生活变得丰富、有趣，可以说又是在“做加法”。

近10年来，随着我国经济增速放缓，城镇化发展到了“下半场”，主要特征是城市的发展模式趋向高效内涵。通过对城市现有资源的重新配置和优化完善，塑造安全、人本、特色的高质量城市空间，最终实现宜居、健康、绿色的美好生活品质，也是当前国家进入生态文明和高质量发展时代对城市建设提出的新要求。

有限的空间资源与庞杂的利益诉求的矛盾是中心城区无法回避的现实问题，最直接的体现是城市公共空间资源的无度侵占，正如三角池片区大量存在的违法建设、违章广告问题。与之形成鲜明对比的是城市公共空间的低效利用，东西湖沿岸的消极空间、博爱南路—海秀东路—海府路交口中的闲置空间等，比比皆是。

对于前者，城市“双修”工作应对这些侵占公共空间、侵犯公共利益、侵害公共安全的问题坚决予以纠正，清除城市有机体的这些有害的组织冗余，还原城市公共空间的本真面貌和基本秩序，可以看成是在做空间的“减法”。“基础减法”可以清晰地还原公共空间的边界，明确地宣誓公众利益的权属，而对空间品质的改善和提升，则有赖于进一步的“精细减法”。“精细减法”绝非对空间环境要素进行肆意而为的删减，而是建立在对特定的城市或区域全面调查、透彻分析、细致谋划的基础上的。一方面，对城市发展过程中，被闲置、损毁，或是废弃的空间环境要素进行识别和判断，分类处理，区别对待。另一方面，对以往城市规划、建设、管理中不愿碰触、悬而未决的“疑难杂症”问题，提出系统全面的“减法”策略。因此，无论是“基础减法”还是“精细减法”，其复杂程度与不可预见性决定了开展这项工作所需的耐心与决心。

如果说“减法”是在给城市“减脂瘦身”，那么“加法”就是为城市“增肌塑形”。同样的，“加法”也可以分为“基础加法”与“精细加法”两个层面。“基础加法”是对城市空间环境在基本功能、基础设施等方面存在的短板进行有针对性的补充和完善，这是一项针对城市空间机能的保障工作。“精细加法”则涉及空间环境的特色主题、场所氛围、功能组合、服务人群等高阶因素，因此相关的工作更为复杂。以往自上而下的规划设计模式，想当然地对特定的空间环境进行简单粗暴的功能置换，由此产生的失败案例比比皆是。对于城市中大量消极、闲置的空间来说，通过梳理、腾退、整合等“减法”策略形成的空间集合，要充分收集民意，统筹权衡、综合谋划，从使用者的角度考量和策划未来的定位，将其变为积极、活力的空间场所，还给城市、还给市民。三角池项目中，湖心岛建筑群经加固改造后，重新植入了一系列面向城市、服务百姓功能，打造“最海口文化体验馆”，可以说是在做“生活的加法”。简而言之，“做加法”并不意味对空间进行简单填空，而是让城市空间环境兼具品质、弹性与活力，为人的活动提供更多的可能性与选择权，成为承载美好生活的空间载体。

纵览中国城市规划设计研究院近年来在全国各地承担的“双修”实施类项目，可以说，每一个都是一道复杂、难解的数学题。但是，我们相信，只要找到了正确的算法逻辑，再难的题也有解，而“最大公约数”与“最优解”、“减法”与“加法”正是指导中心城区“双修”工作的算法逻辑。双修工作的社会性，要求专业技术人员心怀民生诉求的“最大公约数”，精耕细作专业问题的“最优解”，不吝因势利导。而不管是“减法”还是“加法”，都是建立在对每一个特定城市的扎实研究和深刻理解之上的，讲究因城施策。

图 4-8　“最大公约数”与“最优解”、“减法”与“加法”是解决中心城区“双修”难题的算法逻辑

技术策略

如果说核心原则是中心城区“双修”工作解题时应遵循算法逻辑，那么技术策略就是解题时顺次展开的演算步骤。“双修”类项目相较于新建项目有其自身的独特之处，项目与城市之间的关系千丝万缕，需要最大限度地分析理解、巧妙利用现状条件，目标导向聚焦城市或片区的战略发展，问题导向锁定现实困境和具体问题，提出综合全面的技术策略。基于大量的规划设计项目实践,我们总结、归纳了中心城区“双修”工作的技术策略，包括系统思维、摸清家底、亮出特色、外塑筋骨、内舒气血、长效管控六个方面。

系统思维

系统思维是看待“双修”项目各类问题、组织“双修”项目各项工作、贯穿“双修”项目各个阶段的基本思维模式。构建系统性思维，需要从不同角度对特定项目进行全面审视、综合分析、权衡比选、统筹决策。空间维度上，既要突破项目的红线边界，从宏观层面出发，全面把握项目局部与城市系统的复杂关系；又要立足项目自身的资源禀赋，准确把握其角色定位。时间关系上，既要回溯过去，充分研究项目所在城市、片区、街段的历史沿革、文脉传统，传承城市记忆，彰显风貌特色；又要放眼未来，密切协同城市整体战略布局，谋划项目合理的目标愿景。问题分析上，既要单专业深入探究，理性判断、切中要害；又要跨专业联合会诊，避免就事论事、草率定论。技术体系上，既要纵向贯通，上下位规划思路连贯、无缝衔接；又要横向紧密，同层级、不同类型项目之间互相照应、互为补充。

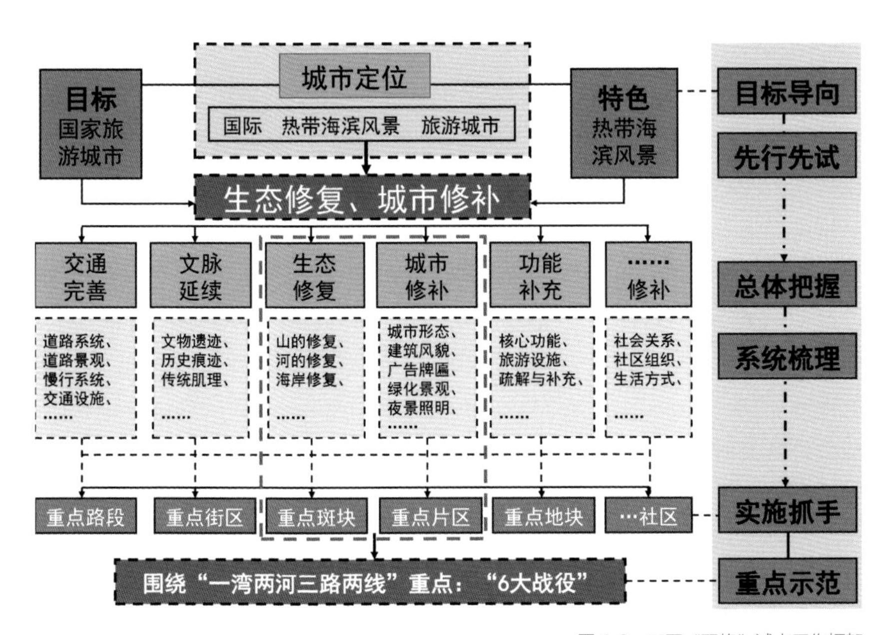

图 4-9　三亚“双修”试点工作框架

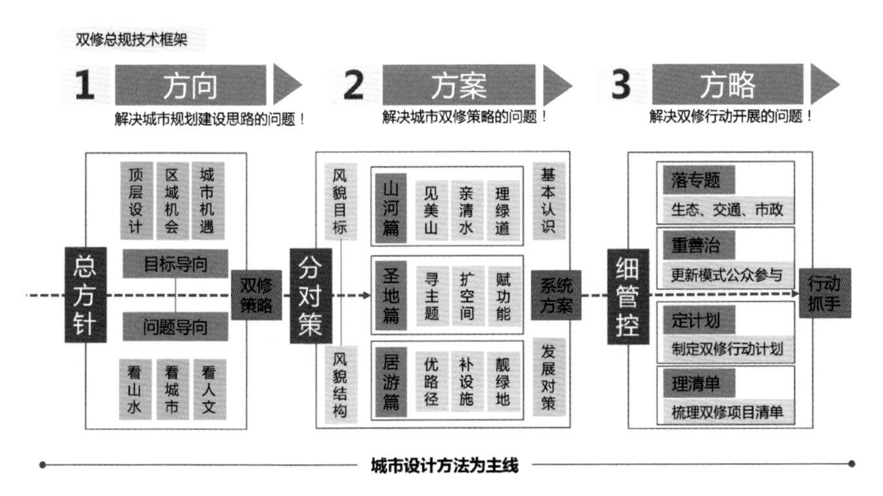

图 4-10　延安“双修”工作框架

摸清家底

细致全面的现状调研工作是做好“双修”工作的基础和前提。如前所述，中心城区往往是一座城市多种因素叠加和互相作用的区域，紧凑甚至局促的空间格局往往承载了数倍于其他城市区域的环境要素；同时，中心城区也是一座城市社会、经济、文化等功能集聚的焦点，不同社会阶层、利益集团、文化族群的庞杂诉求，与有限的环境资源的矛盾无法回避。因此，现状调研工作要关注有形的物质环境，更要倾听无形的民声诉求。

对于有形的物质环境要素，紧凑合理的调研计划和详尽完备的搜资清单要提前拟定。现场踏勘的内容不仅仅包括市容市貌、自然本底等相关的表观问题，还要由表及里，对产权归属、违章搭建、安全隐患等潜藏问题进行全方位的排查摸底。因此，现场探勘一方面需要针对项目任务配置齐整的专业队伍，如规划、建筑、景观、交通、市政等等，集中行动、充分互动；另一方面，还需要熟悉项目情况的地方职能部门的工作人员的支持和配合，如资规、住建、园林、交通、城管、社区街道办等，分门别类、落实落细。对于无形的百姓民声诉求，要广开渠道、积极沟通、理性甄别，除了传统的问卷调查、专题座谈之外，还要充分利用现代互联网及大数据资源，广泛收集功能需求、出行问题、感官印象等一系列与老百姓生活息息相关的意见和建议，支撑后续技术体系中问题导向的构建，充分体现和践行“双修”工作的人民立场。

亮出特色

众所周知，每座城市都具有独特的资源禀赋、社会基础、发展阶段、问题特征、机遇条件。而作为城市的身份名片和生活客厅，中心城区的鲜明特色是强化城市个性形象、激发市民认同感和归属感的点睛之笔。因此，中心城区的“双修”工作需要依托自身的基础条件，因地制宜，因城施策，亮出特色。

作为技术体系中核心目标的高度概括和提炼，准确、恰当、形象的特色定位，往往可以超越年龄、性别、民族，甚至文化水平，为项目涉及的不同群体提供了一个统一的目标愿景，有助于各方形成共识，群策群力。在海口，中规院技术团队描绘了“最海口”的片区发展愿景，旨在向本地百姓和外地游客提供原汁原味的市井文化体验。在济南，依托“泉城”传统特色，构建以“泉道”为主题，串联公共空间系统的技术思路。在北京，“慢街素院”的特色定位生动地勾勒出了未来雍和宫北大街闲适、优雅的生活氛围和街道意象。城市品质的改善效果固然令人印象深刻，但更多的人却是记住了这些项目的创意口号。在项目的各个阶段，特色创意在加强职能部门间的协作配合、争取社区群众的理解支持、统一参建单位的思想行动、拓展项目的示范效应等多个方面均发挥了积极的作用。可以说，能否亮出项目特色，是技术统筹从幕后走向台前，在更大范围取得多方共识，促进项目顺利实施，提升项目影响力的关键一步。

外塑筋骨

“外塑筋骨”关注城市的物质环境空间，相应地要遵循“减法”与“加法”的核心原则，处理好“舍”与“得”的辩证关系。具体来讲，可以从概念与落位、空间与生活、风格与特征三对关系出发，进行系统的把握和控制。

在中心城区“双修”实践中，中规院技术团队充分发挥其特殊的角色和地位，在政府、资本、市民之间搭建了实施、宣贯和管理三个平台，平衡各方权益、捋顺各方关系、统一各方认识，在推动项目有序开展方面发挥了积极的作用。可以说，三个平台的建立过程正是为了诊治表观城市病症而进行的内部气血调理。

（1）概念与落位

回顾人类城市的建设发展史，对于城市特色的迷恋和追求从未停止过，因为特色是一座城市区别于其他城市的魅力所在，往往也是提升城市综合竞争力的制胜法宝。作为城市的身份名片和生活客厅，中心城区从不缺乏个性，“双修”技术体系的构建要紧密依托于这些差异性和独特性，在不同的特色属性之间细致分析、权衡比选，构思最切中民意、最综合全面、最形象生动、最激发认同、最现实可行的核心概念。也就是说，在概念创意上重在做“减法”。更为重要的是，作为一项注重实效的工作，“双修”规划设计是实施导向型的技术体系，好的创意概念特别需要扎实的方案落位。从一个创意概念到一套系统方案，并最终在具体的城市空间环境中建设实施，需要收集、分析、比选、决策、调整、完善等不同阶段、不同目标、不同类型的海量工作。可以说，方案落位工作重在做“加法”。

在济南黑虎泉西路—趵突泉北路街区更新提升项目中，项目技术团队在全面学习、深入理解相关上位规划技术成果后，一致认为《济南总体城市设计》中提出的“以泉为魂”的技术思路，理应在老城的街区更新项目中予以延续和强化。结合历史古迹、泉眼河道的布局，规划设计将项目涉及的街区作为济南老城更新的原点，构建以“泉道”为主题的古城公共空间系统。“泉道”，是一条串联老城人文景观的空间线索，是展示济南泉水文化的空间界面，是承载城市家具设施的空间平台，也是项目的超级概念创意。作为落位方案，“泉道”穿梭于老城的大街小巷，在不同的特征路段以道路铺装、家具小品、建筑构件等不同的形式呈现，构成了彰显“泉城”特色的一道独特风景，实现了济南老城更新示范街区公共空间的品质飞跃。

图 4-11　中规院技术团队在全国各地广泛开展“双修”实践探索

（2）空间与生活

城市空间的压力与城市生活的活力，往往在中心城区呈现出鲜明的反差。对于有限的环境空间，要着重做空间上的“减法”，去除城市有机体的繁复冗余，整合有限的空间资源成为积极的场所空间，还给城市，还给百姓。在面对具体的公共空间案例时，应克服设计师的自负与臆断，需要对不同人群在对公共空间的使用情况进行全面调查、透彻分析，在保障公共空间必要的功能与品质的基础上，最大限度地为市民活动的可能性、灵活性和多样性创造条件。这些高品质的城市公共空间极大地支持了人的各种活动，继而丰富了市民生活，又是在做生活上的“加法”。可以说，以人为本的设计方案有时并不来自炫酷的创意，而是源自对生活细节的尊重，重在拿捏“减法”与“加法”的关系。

在泉州古城“双修”中山路示范段、西街东段综合环境提升项目中，通过对街道使用情况的深入调查，项目组发现西街除了作为古城居民重要的出行空间外，还是当地民俗活动的重要场地。在“勤佛日”期间，西街摇身变成一个临时的户外市集，商家自发用粉笔在沥青路面上画出各自摊位的边界。因此，对于西街的环境改造提升，设计方案将保护“勤佛日”市集作为前置条件，通过道路空间的整合处理与路面铺装材质的细化分区，界定出特色的户外经营区，既保障了日常人流通行功能，又能满足特殊节庆活动的空间需求。可以说，西街项目是经营空间与生活，处理“减法”与“加法”方面的一个典型案例。

图 4-12　泉州老城生活的加法营造

（3）风格与特征

如果将一座公园、一条街道或是一栋建筑视为构成城市风貌的一个像素点，改革开放40年来我国高速城镇化建设所形成的一幅幅像素拼图，展现了我们的发展成就，也暴露了诸多弊病。以建筑风貌为例，不仅存在一面千城的特征缺失问题，还有千城一面的风格趋同问题。环顾我们生活的每一座城市，几乎每栋建筑的业主都希望独树一帜、标新立异，几乎每家店面的商家都希望突出醒目、抓人眼球，个别建筑师和设计师对于城市缺乏深刻的理解和应有的尊重，将每个设计作品都作为宣誓独立个性、强化个体形象的机会，由此形成色彩杂乱、形体各异、表情夸张、仪态突兀的城市建筑乱象，风格泛滥。而城市的地理区划、山水格局、气候冷暖、文脉传统、民风民俗等在地性特征，在城市的建筑风貌上大多难觅踪迹。同样的，一味凸显个性风格、忽视城市特征的巨广场、宽马路、大草坪也曾在各地的城市中一度泛滥成风。中心城区的“双修”工作，物质空间环境的改善宜在风格上多做“减法”，少一些有失得体的个性张扬；特征上多做“加法”，多一些理性合宜的地域表现。

三亚“双修”试点解放路综合环境整治项目中，针对建筑风格杂乱无章、缺乏气候适应性措施和功能性构件等问题。建筑界面整治方案通过引入或恢复地域经典的骑楼形式，丰富空间层次，形成室内外空间良好的渗透和过渡；沿街建筑底层的连续灰空间可以遮阳挡雨，成为人性化的慢行空间和交往空间。结合骑楼的装饰性细部构件，增设空调机位和冷凝水管、规范店招广告、统一防盗网样式，安装花箱置架、遮阳格栅，解决原有建筑界面秩序杂乱无章问题，同时补足绿化、防盗、遮阳等实用功能。

图 4-13　与传统文脉、地域气候、城市形象、市民生活紧密结合的设计理念

内舒气血

如果说“外塑筋骨”偏重于物质空间，而“内舒气血”则聚焦“双修”工作的社会性，更多地依赖于“最大公约数”与“最优解”的核心原则，重在经营“同”与“异”的辩证关系。

“双修”工作的对象涉及的问题庞杂、要素繁杂、关系复杂，在有限的时间和空间范围内，每一项专业工作又要经历分析、论证、决策、沟通、调整等一系列的过程才可能付诸实施，项目各方的行事方式、行进节奏、行动指向又各不相同，虽然加班加点、全力以赴，但是项目进展缓慢甚至停滞不前，实施效果不尽如人意的例子并不少见，中心城区尤甚。因此，“双修”工作需要明确约定、严格执行各方认可的工作机制，它是保证项目各方主体的责任、权利和利益，保证项目各类文件留痕迹、能控制、可追溯，保证项目各项工作的规范性、公正性和科学性的制度基础。

图 4-14　济南“泉道”主题的特色公共空间系统

在中心城区“双修”实践中，中规院技术团队充分发挥其特殊的角色和地位，在政府、资本与市民之间搭建了实施、宣贯和管理三个平台，平衡各方权益、捋顺各方关系、统一各方认识，在推动项目有序开展方面发挥了积极的作用。可以说，三个平台的建立过程正是为了诊治表观城市病症而进行的内部气血调理。

（1）实施平台促落实

在项目实施过程中，项目参建单位关注项目的工作效率，而片区居民则更多地关注项目的实效质量，如何在效率与质量之间找到平衡，促进项目保质足量推进，是实施平台相关工作的重心。具体包括两方面的工作：一是全力技术保证施工单位高效推进各项工作落位。中心城区“双修”是

一项异常复杂的系统工作，特别是在施工建设阶段，不免要遇到各种各样的现实问题：现状情况叵测使最初设想难以落地，设计条件偏误导致的技术方案临时调整，更新经验匮乏导致工程量激增等。上述问题都要求专业技术团队全时跟进、及时反应、即时调整、限时解决，保证施工建设高效推进，同时也是对规划设计技术服务方式的创新。二是充分联系沟通片区居民切实保证各项工作实效。无论是规划设计，还是施工建设，其质量优劣涉及片区居民的切身利益，不免要面对他们随时随地的质疑询问：从材料的规格尺寸，到植物品种，再到灯具参数指标等。这就需要与他们用心解答、耐心倾听、诚心采纳、细心完善，以保证设计方案落地不打折、不走样，保证实施的效果与品质。

（2）宣贯平台促沟通

“双修”工作是基于城市战略全局的思考，充分借力政府部门的管理职能，聚焦城市的场所空间和生态环境的系统性工作。尽管“双修”工作着眼于宏观层面的中长期的、全系统的、战略性的问题，但在特定的时期和特别的阶段，阶段性的、具体的、局部的工作不免要影响特定市民群体的生活秩序和质量，而公众真正关心的问题往往没有得到及时的解答和充分的沟通，导致不必要的误解和矛盾，进而影响整体工作推进，这一问题在中心城区的“双修”实施项目中尤为突出。宣贯平台的建立就是针对政府与公众在城市问题认知方面的差异和侧重，在宏观与微观、整体与局部、理念与实践、抽象与具体之间建立必要的联系通道。一方面锁定跟进公众关注的具体事项，解答疑问、回应需求、落实落细，同时向他们宣讲“双修”的理念、价值和意义；另一方面，持续关注城市发展的长期愿景，上下协同，稳步推进，守正笃实，久久为功，加强各方的认识和理解，充分体现“双修”工作的战略高度和人性温度。

（3）管理平台促协调

“双修”工作的价值，在参与其中的不同群体看来并不完全一致。政府部门重视示范项目所能达到的全面、长久的社会效益，各项工作是否坚持“以人民为中心”的基本立场，是否实现城市综合治理能力和精细化管理水平的提升，是否探索建立长效管控机制。参建企业则看重项目所能实现的健康、合理的经济效益，在最短的时间内，以最经济的投入，实现项目快速落地、快速见效。从城市整体发展的角度看待中心城区“双修”工作的社会效益和经济效益，二者缺一不可。管理平台的建立就是联系政府部门和参建单位，在社会与经济之间平衡项目的价值权重。管理平台的相关工作涉及三方面的内容，首先是全面协助相关责任部门，提供有针对性的技术咨询服务，合理发挥其监管效力，做到责权对位、精准到位，便于将城市管理和治理的相关思路层层传导、贯彻执行；其次是重点协助相关职能部门，完善管理审批体制机制，实现城市治理的长效管控和城市管理的人性关怀。最后是全程协助参建企业，提供贴身式的现场技术服务，根据实施过程中出现的各种状况，及时优化完善施工建设中的管理方案和技术预案，做到程序管控、动态反馈、经济合宜、现实可行，在坚持“双修”工作基本原则、价值取向的前提下，保证工程建设成本可控、效果可期。

可以说，实施平台、宣贯平台、管理平台，是“双修”工作不同群体之间的有效“触媒”，传导与协调各方诉求，感知并催化各方态度，规范并统筹各方行为。三个平台的相关工作既是在求目标导向上的“最大公约数”，又在兼顾问题导向上的“最优解”，在效率与质量、高度与温度、意义与效益之间寻找平衡关系，外塑筋骨，还需内舒气血，才能标本兼治。

长效管控

“双修”工作成效不应仅仅是项目具体的、时间局部的、形式外在的空间呈现，建立或完善相关管控机制，保持、延续，并在已有工作基础上不断更新、优化，相对而言更为重要。过去重规划建设、轻管理的传统认识，以及“一刀切”的粗放管理模式，保证了城市管理效率，却牺牲了城市环境品质。从中国城市规划设计研究院近年来积累的中心城区“双修”实践经验来看，在项目推进过程中以及实施落地后，持续跟踪、贴身服务、积极反馈城市相关职能部门，探索并建立依法治市、长效管控的技术手段和工作机制，切实提升城市治理和精细化管理水平，是“双修”工作的另一块重要工作。

在海口城市更新城市风貌管控专项工作中，《海口市城市色彩专题研究》立足于更新视角下的城市色彩问题，针对规划审批环节和设计环节，色彩管控相关技术文件中文字描述和专业色号过于抽象、晦涩难懂的问题，将相关文字和色号进行形象化“转译”，文字、色号、色卡一一对应，使专业设计人员易于理解参考、规划审批人员便于参考判断。可以说，这是一个围绕城市管理体制机制完善，针对特定问题提供有效技术支撑的典型案例。

总体城市设计：海滨风采

代表色彩主色调为白色和浅灰、辅色调为浅黄和朱红，是海口代表性的骑楼建筑主色调，适合滨海风尚风貌区与滨海风情风貌区。

主色调

辅色调

雅	滨海风尚风貌区（FM-1）					
		色彩控制参数	基调色推荐（面积>75%）		辅助色推荐（面积<20%）	
建筑色彩限定	组别	基调色：宜A/B组 辅助色：宜B/C/D/E	白	9N	0162	0245
	色相	高层：N/BG/B/PB为主 低层、多层：可适量使用淡暖色	1314	1291	0233	0245
	明度	基调色：7~10 辅助色：4~10	1295	0061	0163	0195
	艳度	基调色：0~3 辅助色：0~6	1583	1382	1684	N5
点缀色建议（<5%）	色相	B-G,Y-R				
	明度	2-8				
	艳度	0-7				

图 4-15　由抽象笼统的导则文字向形象具体的色卡色号的“转译”

骑楼街区
琼北民居街区
商业服务区
商务片区
建议采用材质
禁止使用材质
铝塑板
彩钢扣板
木板
亚克力板
液晶触摸屏
LED
霓虹灯
喷绘布
荧光涂料

图 4-16　户外广告的色彩与材质管控要求

06 认识价值意义

除了专业技术团队的经验积累与方法创新之外，政府对于“双修”工作的价值认同，市场对于“双修”工作的持续热情，市民对于“双修”工作的理解支持，是其成功开展、扎实落位、持续发力的必要条件。在“双修”工作仍处于起步阶段的今天，核心问题不在于项目速度的比拼，或是项目数量的累积，而是不断实践民生性、系统性、代表性、认同性和实施性的示范案例，探索创新新时代中心城区“双修”工作可复制、可推广的方法和经验，不断提升我们对于城乡规划建设工作价值与意义的认识水平。

回归价值本源

在我国城市发展转型的关键时期，完善城市治理体系，提高城市治理能力，解决城市病等突出问题，是国家层面对城乡规划建设工作的明确要求。其中，2015 年年底召开的中央城市工作会议明确指出，做好城市工作，要顺应城市工作新形势、改革发展新要求、人民群众新期待，坚持以人民为中心的发展思想，坚持人民城市为人民，这是我们做好城市工作的出发点和落脚点。2017 年年底，习近平总书记在视察北京城市规划建设工作时强调，城市规划建设做得好不好，最终要用人民群众满意度来衡量。因此，新时代城乡规划建设工作要回归城市的价值本源，即城市为人而存在。

过去，城乡规划建设工作为经济繁荣谋划产业、为形象彰显高筑广厦、为汽车飞驰拓宽道路、为雨洪疏导筑堤砌坝，而人的安全、健康等基本需求被轻视，甚至是无视。我们过分看重城市的经济发展功能，而忽视了城市作为生活家园的基本属性，是城市病不断蔓延的根本原因。如果我们生活在一个个城市病体之中，交通拥堵、空气污染、房价畸高、垃圾围城等城市病症每天缠绕在我们周围，挥之不去，谈何美好生活？脱离了城市为人而存在这一价值本源，城乡规划建设工作就失去了意义和方向。

前文提到的中心城区“双修”实施类项目，无一不是将人置于所有工作的核心位置。例如，物质环境方面，城市的街道、建筑、广场、公园、水体等各个方面，都从人的细微需求出发，提升空间品质；精神人文方面，城市的记忆、文脉、审美、传统等，都从人的切身感受出发，丰富场所内涵。此外，作为核心原则之一的“最大公约数”与“最优解”，就是针对中心城区“双修”工作的社会性特征，强调要尊重、倾听、回应各方的利益和诉求，通过搭建“三个平台”，心怀目标导向的“最大公约数”，求问题导向的“最优解”，求同存异，因势利导。因此，中心城区的“双修”实践是回归城市价值本源的有益探索。

尊重发展规律

城市发展是一个自然历史过程，有着自身特有的运行规律。在2015年11月10日召开的中央财经领导小组第十一次会议上，习近平总书记指出：做好城市工作，首先要认识、尊重、顺应城市发展规律，端正城市发展指导思想。12月23日，人民日报发表社论《让城市和谐宜居更美好》，指出：走出一条中国特色城市发展道路，前提是尊重城市发展规律。历史经验告诫我们，如果能够遵循规律，我们的行为决策往往事半功倍；违背了规律，必将受到惩罚。城市发展中出现的许多矛盾和问题，归根结底在于没有把握好城市发展的客观规律。

城市发展的路径并不是个人意志所能左右的，尽管主观能动性在城市发展中也曾起到重要的作用，但其中还涉及政治经济学、地理学、环境学、社会学、美学等多个学科领域的因素。相应的，城市发展的客观规律涵盖经济、社会、文化发展，人口流动，区域协调，城乡关系等多个方面。作为专业技术人员，我们必须要认识、尊重、顺应城市发展规律，有了规律这把戒尺，才能更好地端正城市发展的指导思想，做好城市规划建设工作，这也是在中心城区“双修”项目实践中被反复证明的事实。另外，每座城市的资源禀赋不同，山水格局迥异，机遇条件丰寡，问题特征也不尽相同，在看待中心城区问题的态度方面，不可简单机械、一概而论。无论是空间场所的“减法”，还是精神生活的“加法”，都是建立在对特定城市细致的探查、全面的研究、深刻的理解的基础之上的，有舍有得，因城施策。因此，中心城区的“双修”实践是尊重城市发展规律的现实例证。

助力繁荣永续

中央城市工作会议全面分析了城市发展面临的形势，明确做好城市工作的指导思想、总体思路、重点任务，提出“五个统筹”的城市发展要求，即：统筹空间、规模、产业三大结构，提高城市工作全局性；统筹规划、建设、管理三大环节，提高城市工作的系统性；统筹改革、科技、文化三大动力，提高城市发展的持续性；统筹生产、生活、生态三大布局，提高城市发展的宜居性；统筹政府、社会、市民三大主体，提高各方推动城市发展的积极性。

在中心城区的“双修”实践中，上述各项要求，均得到了充分响应、积极探索和不断创新。例如，项目的前期策划、规划设计、落地实施，都是从城市整体一盘棋的视角统筹谋划、推进深入的，体现了城乡规划建设工作的全局意识。应对城市发展转型的新时代、新情况和新问题，中规院专业技术团队积极探索技术服务方式创新，协助政府职能部门加强城市管理工作中规划、建设、管理三个环节的连贯性和系统性，通过各种行之有效的举措，着重加强规划环节的科学性、建设环节的安全性和管理环节的严肃性。此外，不断创新工作组织模式，搭建“三个平台”，转变城市更新政府一元管理的传统模式，充分发挥政府管控的有形之手、市场配置的无形之手，以及市民参与的勤劳之手，努力实现城市更新政府、市场、市民的多元共治，为城市的有序建设、适度开发、高效运行探索科学路径，让人民群众在城市生活得更方便、更舒心、更美好。因此，中心城区的“双修”实践是助力城市繁荣永续的专业基石。

对于“双修”工作来说，尤其是中心城区的“双修”工作，江山、社稷、国泰、民安四个方面的价值导向至关重要。江山，要外修生态，坚持尊重自然、顺应自然、保护自然；社稷，要内修文化，彰显山水情怀、诗情画意、地域特色、中华神韵；国泰，要心怀天下，体现个人的责任担当，展现专业的历史使命，实现国家的长治久安；民安，要不忘初心，追本溯源，人民城市人民建、人民城市为人民。总之，中心城区的“双修”工作，应体现生态优先、民生优先、品质优先，使城市更加以人为本、更加包容共享、更加繁荣永续、更加集约高效、更加协调均衡，为城市居民创造一个和谐宜居、富有活力、特色鲜明的美好生活家园。

第五章

蝶变・三角池

破茧成蝶

三角池华丽回归

风貌新语

交通新序

生活新趣

自然新颜

生态修复　城市修补

我们不断探索和实践

中心城区的改变就在眼前

……

城市新生

蜕变·三角池

海口碧桂园·天誉
板式装修洋房 新品上市
和谐安
爱奇艺
MDX
OPPO
广告招商: 181 1771 8888
金誉大酒店
现代妇女儿
MODERN WOMEN & CHIL

招商热线
0898-65237751
度假天堂
格林代尔·生态全屋整装
SAMSUNG
金域通信
易买
vatti

城市新生

蜕变·三角池

改造前的博爱南路—海秀东路—海府路交叉口大而无当，东侧与东西湖和人民公园的交界地带是封闭、消极的边角料空间，城园难融。路口周边的建筑风貌杂芜、特征含混，广告违章、店招失序问题突出。

周宗贵 / 摄

三角池
礼让行人

之前的异形路口被改造成为集约、高效的丁字路口，释放出来的道路空间与东侧边角料空间整合后，以广场、绿地等形式还给城市、还给行人，实现城园交融。路口周边的城市界面也更加清新淡雅、整洁靓丽。

城市新生

风貌新语

蜕变·三角池

位于东湖路上的海口市卫生防疫站大楼，改造前门窗和墙面破损问题突出，住户随意加装
网样式各异，且缺乏空调机位等功能性设施，以及遮阳、挡雨等气候适应性构件。针对上
建筑风貌整治工作修补破损构件，补充功能设施，加装遮阳构件，外墙修补方案尊重并延
的暖白主色调。防盗网的特色纹样是一大亮点，其设计灵感源自海口本土的文化母题和自

周宗贵 / 摄

宏州电器商城
日立家用中央空调
爱玛电动车
華帝

日立家用变频中央空调
宏州电器
51大放价

风貌新语

人民公园北门外的电器商城，改造前建筑沿街界面几乎被风格各异、尺寸不一的商业广告糊满，严重影响室内房间的采光质量和通风条件。在清除违章广告、拆除违法建筑的基础上，建筑西立面加装竖向遮阳格栅，其中穿插布置户外广告位，形成疏密有致、变化丰富的建筑表皮肌理。

海口电视台的沿街商业界面，在清理违章广告，统一建筑色彩等“基础减法”的基础上，加建了首层檐廊空间，丰富室内外空间层次，有效地改善购物环境，二层简约的南洋窗饰图案，意在表达对于地方传统骑楼建筑的尊重。

风貌新语

缘定·三角池

风貌新语

焘叉·三角池

修缮一新的湖心岛建筑群，布局规矩方正、主次相宜，与天然自由的原生景观相得益
楼、东楼和南楼围合的院落空间为多元舞台广场，同时作为人才、展演和休闲功能板
式性入口广场。东楼山墙西向入口处的台阶，在设计方案中做了放大处理，可作为舞
席台功能，举办露天的演出或会议。台阶上方玻璃雨棚的设计灵感来源于中国传统建
举架，经过简化、抽象后以现代的材料和形式表现结构之美，与原有建筑仿古风格协

风貌新语

蜕变·三角池

环湖一周，总能看到绿树掩映下湖心岛错落有致的亭台楼榭。不管是附近的街坊邻居，还是当年的“闯海人”，东湖上的这处独特景致是承载集体记忆、激发认同感的一个文化符号，30 年来从未变过。

风貌新语

嬗变·三角池

周宗贵 / 摄

风貌新语

缘支·三角池

东升楼是博爱南路上的一栋多层商住楼，建于20世纪80年代，整体维护状况较好。建筑沿街界面南侧实墙面上，红色行书体的“东升楼”是三角池独有的城市记忆符号。改造方案充分结合实际情况，理性施治，适度干预，还原建筑的“本真面目”和“健康机能”。

风貌新语

嬗变·三角池

风貌新语

缘起·三角池

夜景照明设计围绕场所主题烘托环境氛围，根据空间类型配置光源形式，结合视觉层次调整色温色相，聚焦使用习惯安排灯具位置，从而构建了一个系统、完善、特色、人性的环湖照明体系。

交通新序

博爱南路—海秀东路—海府路交叉口最初是由三条不同方向的道路自然交接形成的异型路口，位于中心的三角形水池起到了交通环岛的疏导作用。虽经升级改造，仍存在相当比例的低效、无效空间，导致行人及非机动车过街距离过长，慢行交通通行体验欠佳，对于行动不便的人群尤甚。

交通新序

三角池路口改造方案将原有异形路口变为紧凑的丁字路口，缩短了行人及非机动车的过街距离；路口采用较小的转弯半径，有效降低机动车转弯车速，保障行人及自行车的交通安全。此外，新的路口方案把原有路口很多低效、无效的空间整合起来，变成景观广场、公园绿地，还给城市、还给市民。

交通新序
條叄・三角池

生活新趣

蝶变·三角池

生活新趣

嬗变·三角池

盈盈一水间
脉脉三角池
习习清风至
湖畔游人织
野鸥惊沙起
鸣蝉响远枝
萋萋芳草径
衣湿人不知

周宗贵 / 摄

自然新颜

蜕变·三角池

三角池广场

蝶变·三角池

自然新颜

绿树成荫，鸟语花香，鱼翔浅底，其乐融融，三角池片区的亮丽魅影一度刷爆了海口老百姓的微信朋友圈。

后记

海口城市更新三角池示范区是我院多个技术团队紧密配合、协同作战，历经近一年时间，为海南建省办经济特区30周年献上的一份“双修”大礼。我院高度重视此项工作，由王凯副院长亲自担任主管院领导，对项目保持了高频次、持续性的指导和关注。院经营管理处统筹协调北京公司建筑设计所、风景园林和景观研究分院、城市交通研究分院、城镇水务与工程研究分院、深圳分院照明中心成立综合技术团队，由49位专业骨干组成，累计投入9862人·日，全力保证项目各项工作顺利开展。

基于三亚“双修”试点工作的经验，结合三角池示范区的规划设计实践，项目技术团队对于“生态修复、城市修补”的认识和思考也随之不断拓展、持续深入。在院领导的直接关心和鼓励下，以项目组成员为班底，组织技术骨干整理、总结项目相关的理论观点和技术策略，成册出版。敬请行业内外的读者批评、指正！

付印之际，我们首先要感谢住房和城乡建设部黄艳副部长、中国城市规划学会孙安军理事长等领导对我们工作的关心和支持！

感谢海口市委、市政府、市人大、政协主要领导，以及海口市城市管理委员会、海口市规划委员会、市发展和改革委员会、市住房和城乡建设局、市园林管理局、市水务局、市供电局、交警支队，以及美兰区、龙华区政府等相关部门和机构！感谢各部门领导和配合同志给予项目技术团队的充分信任和无私帮助！感谢海口旅游文化投资控股集团有限公司和海南建设安装工程有限公司的通力合作和协同配合！正是由于大家齐心协力、互通有无，才催生了三角池的华丽蝶变！

在本书的撰写过程中，得到了中国城市规划设计研究院杨保军院长、李晓江院长、汪科副院长、朱子瑜总规划师、张菁副总规划师、詹雪红副总规划师、邓东副总规划师，中规院（北京）规划设计公司张全总经理、尹强总规划师、朱波副总经理、李利副总经理以及自然资源部国土空间规划局张兵副局长的关心和指导，在此一并表示感谢！

感谢海口城市更新项目组领导和战友们的帮助、配合，感谢海口城市更新三角池示范区项目组 49 位同志 316 个日夜的辛勤工作和集体智慧！

在编写过程中，王凯副院长对全书提纲、框架结构和各章内容给予统筹把握，并负责序言、前言的撰写。中规院（北京）公司建筑设计所周勇所长负责本书撰写的组织协调工作。

最后感谢中国建筑工业出版社的大力支持！感谢刘江副总编辑、封毅主任、毕凤鸣编辑的辛勤劳动！

《池记——海口中心城区“生态修复、城市修补”实践探索》编委会
2019 年 7 月 10 日

附录

参与人名单

海口城市更新三角池示范区（一期）

院主管领导　　王　凯　张　菁
项目统筹人　　周　勇　胡耀文

参与单位及人员

中规院（北京）规划设计公司·建筑设计所

所级项目主管　　周　勇　郑　进　方　向
项目组成员　　何晓君　房　亮　刘自春　孙书同　吴　晔　莫晶晶
王　冶　申彬利　张　迪　鲁　坤　杨　婧　秦　斌
王丹江　万　操　胡金辉　耿幼明　张福臣　戴　鹭

中国城市规划设计研究院·园林景观工程设计所

所级项目主管　　王忠杰　束晨阳　牛铜钢　刘冬梅
项目组成员　　马浩然　盖若玫　舒斌龙　刘宁京　高倩倩　徐丹丹
赵　恺　张　悦　郝　钰　魏　柳　鲁莉萍　周　瑾

中国城市规划设计研究院·交通工程设计研究所

所级项目主管　　戴继峰　周　乐　李　晗
项目组成员　　王　洋　陈　仲　张子涵　杨紫煜　郭轶博

中国城市规划设计研究院·深圳分院照明中心

所级项目主管　　梁　峥
项目组成员　　鲁晓祥　刘　缨

中国城市规划设计研究院·水环境治理所

所级项目主管　　王家卓　王　晨
项目组成员　　赖文蔚　胡　筱　杨　柳　胡应均

参与人名单

海口城市更新三角池示范区（二期）

院主管领导　　王　凯　张　菁
项目统筹人　　周　勇　胡耀文

参与单位及人员

中规院（北京）规划设计公司·建筑设计所

所级项目主管　　周　勇　郑　进　方　向
项目组成员　　何晓君　刘自春　申彬利　吴　晔　杨　婧
胡金辉　王丹江　秦　斌　万　操　戴　鹭

中国城市规划设计研究院·智能交通与交通模型研究所

所级项目主管　　伍速锋
项目组成员　　王　洋　曹雄赳　王　芮　王庆刚

邵宗博景观设计工作室

项目主管　　邵宗博
项目组成员　　张艳杰　李燕艳　董文媛　唐岳生　庞建凯
李　昊　滕鑫桐　郭三川　徐　鑫　王　茜
邹　洋　陈路遥

撰写人名单

前言	王　凯　周　勇
第一章　缘起·三角池	周　勇　申彬利　张　迪
第二章　问诊·三角池	
01　甄选识别	周　勇　孙书同
02　问诊把脉	
建筑设计及相关内容	周　勇　孙书同　鲁　坤
景观环境及相关内容	王忠杰　束晨阳　刘冬梅　马浩然　刘宁京　盖若玫 舒斌龙　郝　钰 邵宗博　张艳杰　李燕艳
交通规划及相关内容	张子涵　李　晗　周　乐
水体治理及相关内容	王家卓　王　晨　胡　筱　赖文蔚　胡应均　杨　柳
第三章　重塑·三角池	
01　海口模式	周　勇　孙书同
02　规划设计	
建筑设计及相关内容	周　勇　孙书同　鲁　坤
景观环境及相关内容	王忠杰　束晨阳　刘冬梅　马浩然　刘宁京　盖若玫 舒斌龙　郝　钰 邵宗博　张艳杰　李燕艳

交通规划及相关内容 张子涵 李 晗 周 乐

水体治理及相关内容 王家卓 王 晨 胡 筱 赖文蔚 胡应均 杨 柳

03 落地实施 周 勇 郑 进 方 向 何晓君 房 亮 王 冶
胡金辉 申彬利 刘自春 秦 斌 王丹江

第四章 论道·三角池 周 勇 李慧宁 吴 晔 孙书同 张福臣 万 操

第五章 蝶变·三角池 方 向 杨 婧

后记 周 勇

英文翻译 李慧宁 胡金辉 葛 钰

版式设计 李慧宁 鲁 坤 孙书同 张 迪 杨 婧 葛 钰
姚小虹 庞 琦 刘吉源 郑李兴 王 丽

统稿审定 王 凯 周 勇 张 迪 胡金辉 耿幼明

参与本书编排工作的其他人员（排名不分先后顺序）

曲 涛 庞雅倩 赵翊彤

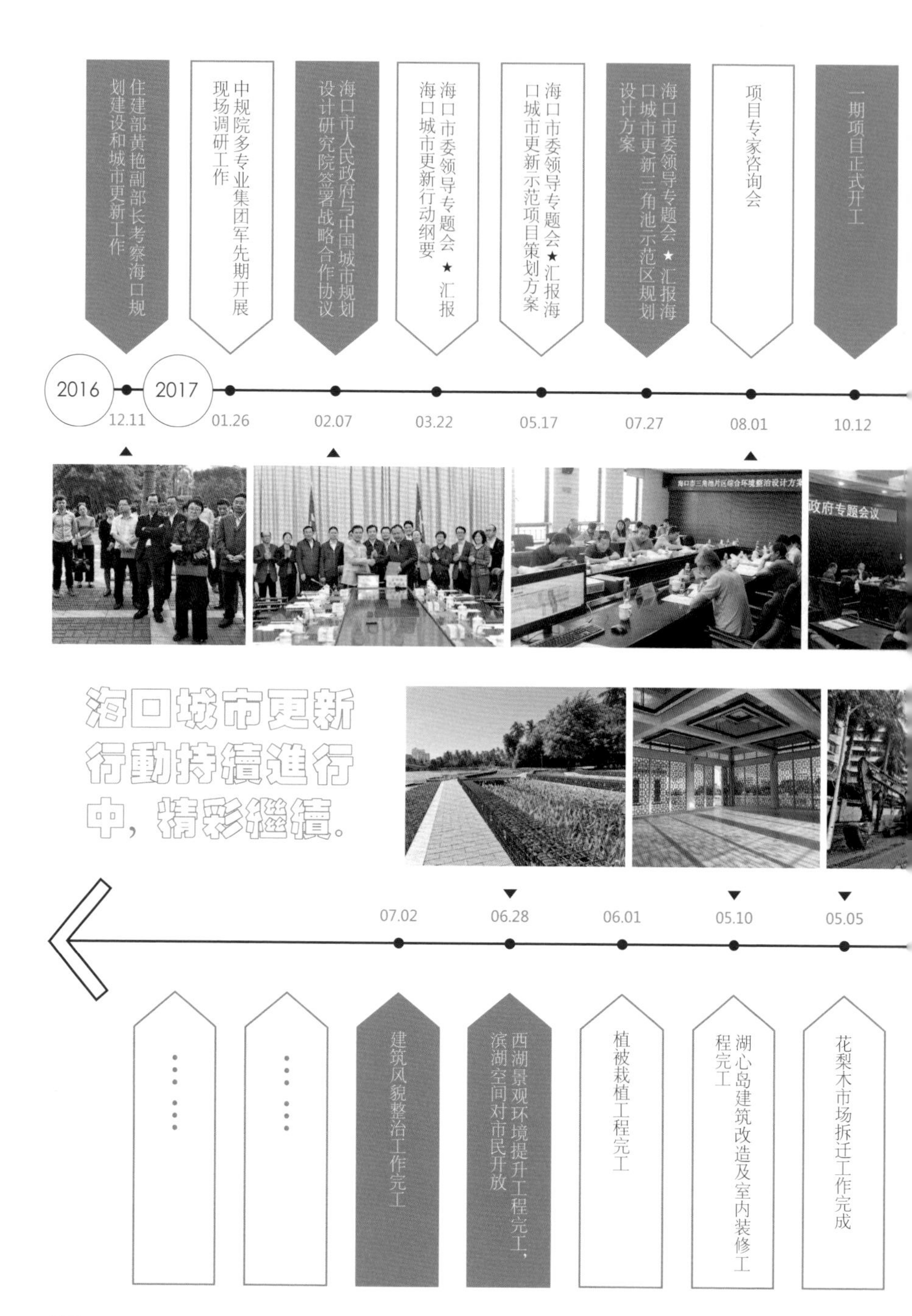
2016
2017
12.11
住建部黄艳副部长考察海口规划建设和城市更新工作
01.26
中规院多专业集团军先期开展现场调研工作
02.07
海口市人民政府与中国城市规划设计研究院签署战略合作协议
03.22
海口市委领导专题会★汇报海口城市更新行动纲要
05.17
海口市委领导专题会★汇报海口城市更新示范项目策划方案
07.27
海口市委领导专题会★汇报海口城市更新三角池示范区规划设计方案
08.01
项目专家咨询会
10.12
一期项目正式开工
政府专题会议
海口城市更新行動持續進行中，精彩繼續。
05.05
花梨木市场拆迁工作完成
05.10
湖心岛建筑改造及室内装修工程完工
06.01
植被栽植工程完工
06.28
西湖景观环境提升工程完工，滨湖空间对市民开放
07.02
建筑风貌整治工作完成
……
……

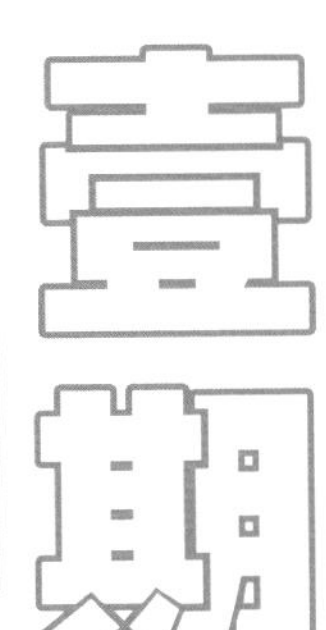

壹期

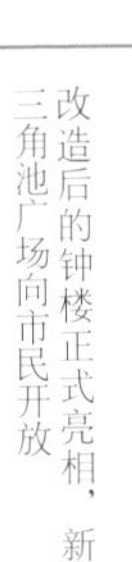

01.30 东方红大厦实施拆除

02.10 改造后的钟楼正式亮相，新三角池广场向市民开放

02.13 建筑风貌整治工程完工

03.12 植被栽补工程完工

03.20 景观环境工程完工，西湖滨湖空间逐段对市民开放

03.28 景观、建筑亮化工程完工，正式亮灯

03.31 湖心岛景观环境整治工程、建筑外立面修缮工程完工

2019

01.22 海口市委专题会★汇报2019年海口城市更新工作计划

12.08 二期项目正式开工

08.23 二期项目专家评审会

07.21 海口市政府领导专题会★汇报二期项目规划设计方案

07.06 海口市政府领导专题会★汇报二期项目策划方案

04.13 庆祝海南建省办经济特区30周年大会

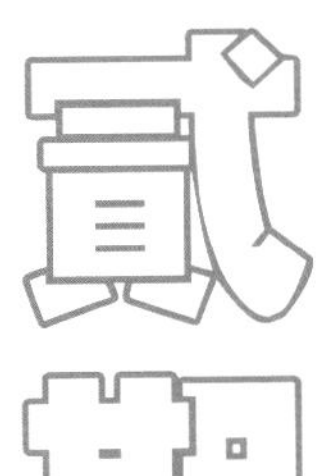

贰期

参考文献

[1] 中国城市规划设计研究院 . 城市发展规律——知与行 [M]. 中国建筑工业出版社，2016.
[2] 王凯 . 一拆了之就是撕毁城市成长的照片 . 微信公众号：中国国际城市化发展战略研究委员会 .
[3] 邓东 . 正本清源——城市的转型与更新实践探索 [R]. 中国城市规划设计研究院，2017.
[4] 朱子瑜，于婷 . 设计城市 VS 城市设计 [J]. 城市设计，2018.
[5] 吕斌，杨保军，张泉，段德罡，王世福，陈飞，陈天，裴东伟，江伟辉，周岚，李金路 . 城镇特色风貌传承和塑造的困与惑 [J]. 城市规划，2019.
[6] 樊丽萍 . 规划师要学着做“减法”[N]. 文汇报，2012.
[7] 阳建强 . 和谐、多元与持续的城市更新 [N]. 中国建设报，2018.
[8] 林飞 . 海南琼剧的发展现状和策略探索 [J]. 中国戏剧，2018.
[9] 吴冠岑，牛星，田伟利 . 我国特大型城市的城市更新机制探讨：全球城市经验比较与借鉴 [J]. 中国软科学，2016.
[10] 杨震 . 范式·困境·方向：迈向新常态的城市设计 [J]. 建筑学报，2016.
[11] 杨震 . 城市设计与城市更新：英国经验及其对中国的镜鉴 [J]. 城市规划学刊，2016.
[12] 杨保军 . 规划新理念 [J]. 中国城市报，2018.
[13] 阳建强，杜雁，王引，段进，李江，杨贵庆，杨利，王嘉，袁奇峰，张广汉，朱荣远，王唯山，陈为邦 . 城市更新与功能提升 [J]. 城市规划，2016.
[14] 秦波，苗芬芬 . 城市更新中公众参与的演进发展：基于深圳盐田案例的回顾 [J]. 城市发展研究，2015.
[15] 杨保军 . 新发展理念·凝全球智慧·聚中国力量·承传世经典·立城市标杆·雄安新区规划编制新理念 [J]. 住宅产业，2018.
[16] 徐振强，张帆，姜雨晨 . 论我国城市更新发展的现状、问题与对策 [J]. 中国名城，2014.
[17] 陈潇 . 海口骑楼建筑研究 [D]. 南京工业大学，2013.
[18] 罗翔 . 从城市更新到城市复兴：规划理念与国际经验 [J]. 规划师，2013.

[19] 马航，Uwe· Altrock. 德国可持续的城市发展与城市更新 [J]. 规划师，2012.
[20] 朱子瑜 . 以自上而下的视角看城镇风貌的管控 [J]. 城市环境设计，2017.
[21] 曲凌雁 . 更新、再生与复兴——英国 1960 年代以来城市政策方向变迁 [J]. 国际城市规划，2011.
[22] 张汉，宋林飞 . 英美城市更新之国内学者研究综述 [J]. 城市问题，2008.
[23] 杨保军 . 用文化激活城市发展 [J]. 中国建设报，2019.
[24] 朱力，孙莉 . 英国城市复兴：概念、原则和可持续的战略导向方法 [J]. 国际城市规划，2007.
[25] 王兰，刘刚 .20 世纪下半叶美国城市更新中的角色关系变迁 [J]. 国际城市规划，2007.
[26] 杨震，徐苗 . 城市设计在城市复兴中的实践策略 [J]. 国际城市规划，2007.
[27] 于立，张康生 . 以文化为导向的英国城市复兴策略 [J]. 国际城市规划，2007.
[28] 倪慧，阳建强 . 当代西欧城市更新的特点与趋势分析 [J]. 现代城市研究，2007.
[29] 肖礼斌 . 全球化语境中的城市更新——读"走向强有力的城市复兴"有感 [J]. 北京规划建设，2007.
[30] 翁华锋 . 国外城市更新的历程与特点及其几点启示 [J]. 福建建筑，2006.
[31]Nin-Hai· Tseng DOWN IS FOR PEOPLE（FORTUNE CLASSIC 1958）[J].Fortune，2011.
[32] 于立，Jeremy· Alden. 城市复兴——英国卡迪夫的经验及借鉴意义 [J]. 国外城市规划，2006.
[33] 张燕妮，魏毓洁 . 对我国现代城市更新的思考 [J]. 高等建筑教育，2006.
[34] 赵亮 . 美国 19~20 世纪城市发展演变及启示 [J]. 北京规划建设，2006.
[35] 叶炜 . 英国社区自助建设对我国社区更新的启示 [J]. 规划师，2006.
[36] 张路峰，Klaus· Zillich."水城"计划：柏林城市滨水地带的复兴 [J]. 国外城市规划，2006.
[37] 黄鹤 . 文化政策主导下的城市更新——西方城市运用文化资源促进城市发展的相关经验和启示 [J]. 国外城市规划，2006.
[38] 孙施文 . 英国城市规划近年来的发展动态 [J]. 国外城市规划，2005.

[39]FrankRoost，周鸣浩．柏林的“批判性重建”——恢复传统城市品质之努力的瑕与疵 [J]. 时代建筑，2004.

[40] 程大林，张京祥．城市更新：超越物质规划的行动与思考 [J]. 城市规划，2004.

[41] 宋文新．城市中心区结构研究 [J]. 河北科技大学学报（社会科学版），2003.

[42] 李建波，张京祥．中西方城市更新演化比较研究 [J]. 城市问题，2003.

[43] 吴晨．城市复兴中的城市设计 [J]. 城市规划，2003.

[44] 吴晨．城市复兴的理论探索 [J]. 世界建筑，2002.

[45] 周岚．西方城市规划理论发展对中国之启迪 [J]. 国外城市规划，2001.

[46] 阳建强．中国城市更新的现况、特征及趋向 [J]. 城市规划，2000.

[47] 孟延春．西方绅士化与北京旧城改造 [J]. 北京联合大学学报，2000.

[48] 方可，章岩．美国大城市生与死之魅力缘何经久不衰——从一个侧面看美国战后城市更新的发展与演变 [J]. 国外城市规划，1999.

[49] 薛德升．西方绅士化研究对我国城市社会空间研究的启示 [J]. 规划师，1999.

[50] 方可．西方城市更新的发展历程及其启示 [J]. 城市规划汇刊，1998.

[51] 张京祥．小议城市更新 [J]. 长江建设，1995.

[52] 阳建强．现代城市更新运动趋向 [J]. 城市规划，1995.

[53] 范会俊，邱浚．“南溟奇甸赋”注析——为开发海南而作．[J]. 海南大学学报（社会科学版），1983.

[54] 中国城市规划设计研究院．催化与转型：“城市修补、生态修复”的理论与实践 [M]. 北京：中国建筑工业出版社，2016.

[55] Cuthbert A.R. The Form of Cities: Political Economy and Urban Design. Oxford Blackwell Publishing Ltd，2006.

[56] BDP. Urban Design in Practice. Urban Design Quarterly，1991.

[57] Colquhoun I. Urban Regeneration: An International Perspective. London B.T. Batsford Ltd.，（1995）.

本书引用了若干网络来源的图片资料，虽经作者努力，仍无法确认其准确出处，在此一并向相关图片版权所有人表示感谢！